国家中等职业教育改革发展示范学校建设项目成果
国家中等职业教育改革发展示范学校建设系列教材

计算机应用基础
一课一练

JISUANJI YINGYONG JICHU
YIKE YILIAN

张定国◎主编

西南交通大学出版社
·成都·

图书在版编目（CIP）数据

计算机应用基础一课一练 / 张定国主编. — 成都：
西南交通大学出版社，2014.3（2017.8 重印）
ISBN 978-7-5643-2921-1

Ⅰ. ①计… Ⅱ. ①张… Ⅲ. ①电子计算机－基本知识
Ⅳ. ①TP3

中国版本图书馆 CIP 数据核字（2014）第 029784 号

计算机应用基础一课一练

张定国　主编

责 任 编 辑	黄淑文
封 面 设 计	墨创文化
出 版 发 行	西南交通大学出版社 （四川省成都市二环路北一段 111 号 西南交通大学创新大厦 21 楼）
发 行 部 电 话	028-87600564　028-87600533
邮 政 编 码	610031
网　　　址	http://www.xnjdcbs.com
印　　　刷	四川五洲彩印有限责任公司
成 品 尺 寸	185 mm×260 mm
印　　　张	13.75
字　　　数	340 千字
版　　　次	2014 年 3 月第 1 版
印　　　次	2017 年 8 月第 3 次
书　　　号	ISBN 978-7-5643-2921-1
定　　　价	28.00 元

四川交通运输职业学校
国家中等职业教育改革发展示范学校建设
系列教材编写委员会

总　序

　　中等职业教育是我国教育体系的重要组织部分，是全面提高国民素质、增强民族产业发展实力、提升国家核心竞争力、构建和谐社会以及建设人力资源强国的基础性工程。为大力推进中等职业教育改革创新，全面提高办学质量，2010—2013年，国家组织实施中等职业教育改革发展示范学校建设计划，中央财政重点支持1 000所中等职业学校改革创新，我校是第二批示范校建设单位之一。在近两年的示范建设过程中，我们与西南交通大学出版社合作开发了28本示范建设教材，且有17本即将公开出版，这是我校示范校建设取得的重要成果，也是弘扬学校特色和品牌的很好载体。

　　呈现在大家面前的这套系列教材，反映了我校近年教学科研工作的阶段性成果。从课程来源看，不仅有学校4个重点建设专业（道路与桥梁工程施工专业、汽车运用与维修专业、物流服务与管理专业、工程机械运用与维修专业）的课程，也有公共基础课程；从教材形态看，又可以分为两类：一是以知识性内容为主、兼顾实践性活动、培养学生综合素质的理实一体化教材；二是以学生实践为主的实训操作手册。教材的编写过程倾注了编者大量的心血，融入了作者独到的见解和心得，更是各专业科室集体智慧的结晶。

　　这套教材的开发，在学生学习状态分析的基础上，根据技能型人才培养的实际需要，积极实现职业岗位与专业教学的有机结合。这17本教材比较准确地把握了专业课程的特征，具备了一定的理论水平，突出了实践性、活动性，符合新课程理念，对我校课程建设将会产生深远的影响，对学生全面健康成长也会产生积极的作用，对创新中职学校人才培养模式与课程体系改革将起到引领和示范作用。

　　在内容上，这套教材有如下特点：一是对于基础知识教学以"必需、够用"为度，以讲清概念、强化应用为教学重点。二是根据职业岗位需求，基于工作过程为线索来组织写作思路。三是方法具体，基本技能可操作性强。四是表达简洁，图文并茂，形式生动活泼，学生易于理解、掌握和实践。

　　由于时间紧迫，编者理论和实践能力水平有限，书中难免存在一些不足和缺点，需要进一步修改、完善和充实。我们希望老师和同学们提出宝贵意见，希望读者和专家给予帮助指导，使之日臻完善！

四川交通运输职业学校

国家中等职业教育改革发展示范学校建设

系列教材编写委员会

2014年2月

前　言

随着现代社会的不断发展与进步，计算机的应用已遍布各大行业的各个职能岗位，而在各行业内，计算机应用要求又不尽相同。传统的手工记录、综合、演算和绘制等手段已经不适应社会的发展，也不能满足当代社会职能岗位的需求。本书针对目前各行业的从业要求，就培养社会常规需求人才这一目标，对计算机操作系统的应用知识、常规办公类软件的操作与应用知识、常规软件的使用与维护知识、网络资源的应用知识、网络页面的制作知识、计算机性能维护、文件安全和网络安全等知识进行理论上的讲解，让学生通过实作性的学习，再根据社会职能需求模拟任务进行演练，从而更好更全面地掌握计算机基础知识。

本书是按照计算机办公应用相关软件技能进阶规律编写的实用型教学用书，通过情景需求的模拟与理论实践的一体化结合，让学生能够以完成任务的形式，逐步掌握新技能，从而使初学者尽快成长为计算机应用能手。

国家中等职业教育改革发展示范学校建设系列教材的实践基础

Microsoft office 系列办公软件问世以来，得到了全世界各个行业的专业认可及广泛应用，其主打办公软件 Word、Excel、Powerpoint 更是如生活必需品一般，学习并掌握这三门基础软件已经成为当代学生扫除"电子文盲"所必须具备的基本技能之一。

国家中等职业教育改革发展示范学校建设系列教材的编写思想

本着为社会输送"到岗即可任用"的合格学生的思想，在主编的带领下，通过对现在社会工作职能需求的大量信息收集，将 office 系列办公软件的应用、计算机平台的常规应用和网络的常规应用等知识结构化、细节化、条理化，并进行精心调整后，融合到 20 个任务中，希望通过对各个任务的逐步完成来实现对各个知识点的掌握，让学生能够在学习的过程中了解社会需求，结合社会需求，从而在心理上和学习生活上接受社会、适应社会，并由此而激发学生的学习主动性。

国家中等职业教育改革发展示范学校建设系列教材的教学特色

本书回避了常规的软件应用的板块式教学方式，直接以任务的形式交付给学生，在给学生讲解和辅导完成任务的过程中，配以大量的插图和说明以及各类技巧性提示、拓展性知识，让学生在轻松而严谨的氛围下，以完成任务为主，拓展思维、熟练技巧为辅，进行软件的应用知识和拓展知识的学习。

本书由四川交通运输职业学校张定国主编，薛凌麒、李丹、陈辉、夏洋副主编。由于编者学识和水平的限制，书中有不妥之处，恳请使用本书的教师和学生批评指正。

编　者

2013 年 12 月 12 日

目　录

WINDOWS 篇

MICROSOFT WORD 篇

MICROSOFT EXCEL 篇

MICROSOFT POWERPOINT 篇

常规网络知识、软件应用篇

Windows 篇

任务一　舒心环境由我喜好！

一、知识结构

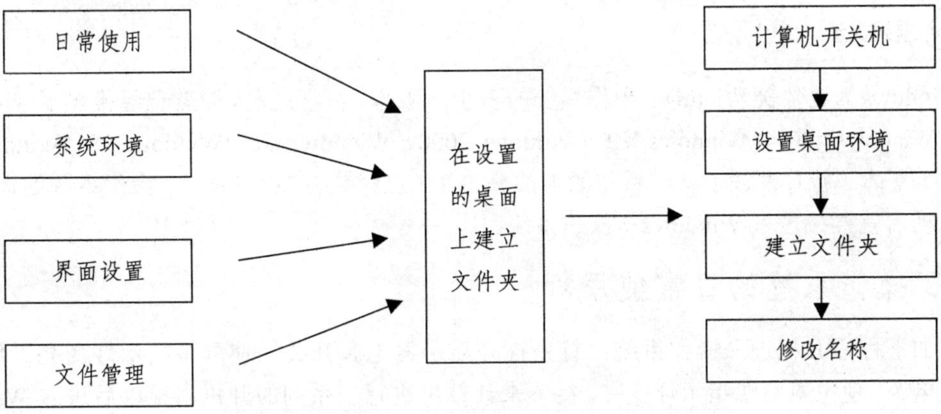

```
┌──────────┐
│  日常使用  │ ────────┐
└──────────┘          ↘
┌──────────┐               ┌────────┐           ┌──────────────┐
│  系统环境  │ ──────→      │ 在设置  │           │  计算机开关机  │
└──────────┘               │ 的桌面  │           └──────────────┘
                           │ 上建立  │                  ↓
┌──────────┐               │ 文件夹  │ ────→     ┌──────────────┐
│  界面设置  │ ──────→      │        │           │  设置桌面环境  │
└──────────┘               └────────┘           └──────────────┘
┌──────────┐          ↗                                ↓
│  文件管理  │ ────────┘                          ┌──────────────┐
└──────────┘                                     │  建立文件夹    │
                                                 └──────────────┘
                                                        ↓
                                                 ┌──────────────┐
                                                 │  修改名称      │
                                                 └──────────────┘
```

图 1-0　本任务内容结构

二、任务内容

本次任务为设置桌面属性，并在桌面上新建一个以自己名字命名的文件夹。图1-1即为该内容的效果展示。

图1-1　计算机开机桌面

三、操作演示

温馨提示

Windows 7 是微软 Windows 操作系统的一个新版本。在它之前，微软已经推出了 Windows Vista、Windows 2003、Windows XP、Windows 2000、Windows me、Windows 98、Windows 95 等一系列版本，并且占领了操作系统的大部分市场。已经装有 Windows 7 操作系统的计算机，开机启动后就直接进入 Windows 7 操作系统。

1. 操作系统的日常使用

按如下程序开机进入操作系统：首先打开显示器电源开关，使屏幕指示灯变亮。然后打开主机电源，使主机电源指示灯变亮。接下来计算机进行一系列的开机自检以后进入 Windows 7 系统的桌面。

系统默认的桌面如图1-2所示。

图 1-2 系统默认桌面

🔒 温馨提示

① 有的计算机在打开主机的电源开关的同时也就打开了显示器开关。

② 关机方法不可逆，应按以下步骤进行：用鼠标左键单击屏幕左下角的"开始"图标，弹出如图 1-3 所示的开始菜单，在弹出的菜单中点击"关机"按钮，系统进入关机状态直到主机电源关闭，最后关闭显示器电源。

图 1-3 关闭计算机窗口

3

2. 鼠标的操作

鼠标是桌面操作系统必备的输入设备之一。一般有左、中、右三个按键。鼠标的主要作用是控制鼠标指针。通常情况下鼠标指针呈空心箭头状，但它又经常随鼠标位置和操作的不同而有所变化。最常见的几种鼠标指针形状及其所代表的意义如图1-4所示。

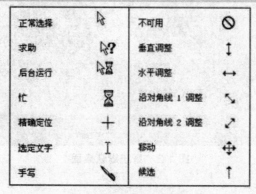

图1-4　鼠标方案

使用鼠标操作Windows 7时，有5种基本操作方法需要掌握。

① 移动：将鼠标在桌面上移动，屏幕上代表鼠标的箭头也跟着移动。可以有意识的移动鼠标到桌面上的某一个图标上。

② 单击：单击一般指单击鼠标左键，即右手食指按下鼠标左键，然后再迅速放开。可以试试单击桌面上的"计算机"图标，看看会有什么效果。

③ 双击：右手食指快速连续按鼠标左键两次。可以试试双击桌面窗口上的"计算机"图标，看看会有什么效果。

④ 拖动：通常指左键拖动，即按住鼠标左键不放，移动鼠标到另一个位置上，再放开鼠标左键。拖动通常用于拉出一个选区或者移动某个被选中的对象。可以试试拖动桌面窗口上的"计算机"图标。

⑤ 右击：即右手中指快速按下鼠标右键，再根据弹出的菜单进行下一步选择的操作。一般情况下，右击屏幕上的某块区域或某个对象时，会出现快捷菜单。

3. 认识桌面及相关图标

当用户启动安装了Windows 7操作系统的计算机时，会自动进入Windows 7操作系统的桌面。Windows 7的屏幕显示如图1-2所示。Windows 7把整个屏幕称为"桌面"，而将部分程序、文件等以图标的形式显示在桌面上，就好像放在办公桌上的有标签的办公用品。可以用鼠标来选择、移动它们。

图标是Windows的一种重要的表示方式。图标由图形和文字两部分组成。图形部分是一个小图片，它赋予系统资源一个形象的标识；文字部分标识图标的标题。

Windows 7的桌面主要由"用户文件夹"、"计算机"、"网络"、"回收站"等图标和位于屏幕最下方的"任务栏"组成。双击打开的窗口都可以在任务栏中快速操作。

4. 具体操作步骤

（1）在桌面空白处右击鼠标，在弹出的快捷菜单中选择"个性化"，如图1-5所示。

图1-5 鼠标右键菜单

（2）接着在弹出的"个性化"窗口中选择"桌面背景"图标，如图1-6所示。

图1-6 "个性化"窗口

（3）进入"桌面背景"窗口后，拖动显示桌面背景内部的滚动条到"风景（6）"区域，如图 1-7 所示。选中"风景（6）"区域的第一张图片，此时能看到桌面背景已经发生变化。

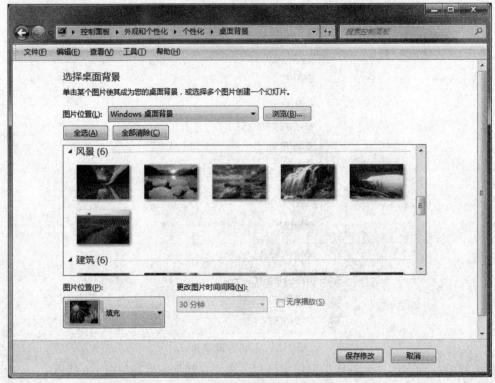

图 1-7 "桌面背景"窗口

（4）在"桌面背景"窗口中点击 "图片位置"下面的区域，并在弹出菜单中选择"填充"，如图 1-8 所示，单击"保存修改"按钮即可完成桌面设置

图 1-8 显示属性的"桌面"窗口

如果希望设置更加个性化的桌面背景，可以点击"图片位置"后面的"Windows 桌面背景"框，在弹出的下拉菜单中选择"图片库"、"顶级照片"、"纯色"等选项，如图1-9所示，在里面选择自己喜欢的图片或颜色即可。如果选择多张图片，在下方设置了"更改图片时间间隔"的具体时间，还可以达到每隔一段时间自动换一个桌面的效果。

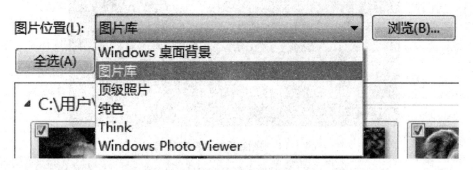

图1-9 "图片位置"选择下拉菜单

（5）在桌面空白处右击鼠标，在弹出的快捷菜单中选择"新建"，并在"新建"的子菜单中单击"文件夹"选项，如图1-10所示。

图1-10 右键菜单"新建"选项

这时桌面上新增加了一个名字为"新建文件夹"的图标，如图1-11所示。

图 1-11　桌面新建文件夹效果

　　文件夹是 Windows 7 中使用的术语，它相当于 DOS 和 Windows 早期版本中的目录。可以把文件夹看成一个容器，用来存放各种不同的文件。通过文件夹，可以对文件进行分组，以便于文件的管理和使用。在 Windows 7 中，文件夹的含义非常广。例如，整个计算机就是一个名为"计算机"的文件夹。

　　（6）选择输入法，输入自己的名字来重命名文件夹，如图 1-12 所示。在重命名文件夹时，先敲击键盘上的"Delete"键删除该文件名，直到在"新建文件夹"图标的文件名中只剩下一个闪动的光标。在任务栏中选择"微软拼音"输入法输入自己的名字，通过空格键和键盘上的"-"和"+"进行选择和确认，得到想要的结果后敲击键盘上的"Enter"键或者单击屏幕空白处，完成操作。

图 1-12　输入自己名字重命名文件夹

图 1-13　右键菜单重命名文件夹

（7）单击以自己名字命名的文件夹，用鼠标拖动至原有图标后面，如图 1-14 所示。

图 1-14　文件夹拖动后的效果

到此，本次任务的内容操作部分讲解完毕。

四、拓展练习

1. 窗口和对话框

当双击以自己名字命名的文件夹图标打开这个文件夹以后，弹出来一个以自己名字命名的窗口，如图 1-15 所示。

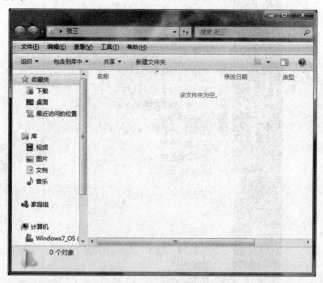

图 1-15　文件夹窗口

Windows 7 系统及其应用程序都采用了统一的窗口界面，每当打开一个应用程序，都将以窗口的形式显示在桌面上。在 Windows 7 操作系统中可打开多个窗口，但只有一个是当前活动窗口。在"工具"菜单中选择"文件夹选项（O）…"弹出如图 1-16 所示对话框。

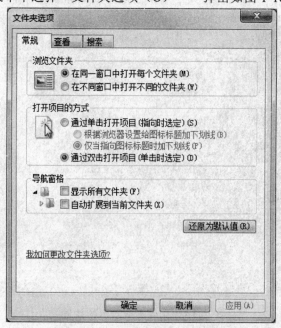

图 1-16　文件夹选项对话框

练习 1. 窗口和对话框是 Windows 7 系统中最重要的两个组成部分，试分析一下窗口和对话框之间的相同点和不同点。

2. 改变文件和文件夹的显示方式

在文件夹窗口中，文件和文件夹的显示方式有多种多样，在"查看"菜单中有 8 个菜单项："超大图标"、"大图标"、"中等图标"、"小图标"、"列表"、"详细信息"、"平铺"和"内容"，如图 1-17 所示。

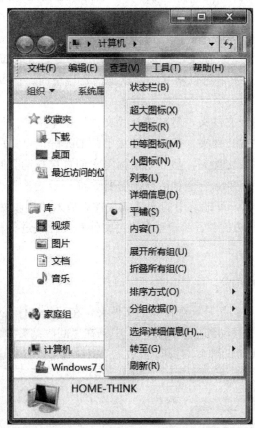

图 1-17 "查看"菜单的内容

练习 2. 试通过查看菜单，改变文件和文件夹的显示方式。

3. 文件和文件夹的选定

文件和文件夹的选定是进行文件复制、移动、删除等操作的前提，默认情况下每用鼠标点击文件或文件夹一次，可选定一个文件或文件夹。

如果要选择连续的多个文件或文件夹，首先用鼠标单击选中连续文件的第一个文件或文件夹，然后按住 Alt 键，用鼠标单击连续文件的最后一个文件或文件夹，则两个文件之间的所有文件被选中。

如果要选择不连续的多个文件或文件夹，首先鼠标单击选中第一个文件或文件夹，然后按住键盘上的 Ctrl 键，用鼠标逐个单击要选择的文件或文件夹即可。

如果要选择窗口中所有的文件和文件夹，首先单击"编辑"菜单，然后选择"全部选定"

命令，这时窗口中的所有文件和文件夹呈选中状态。

练习 3. 试打开"C:\Program Files（x86）"文件夹，练习各种选中文件和文件夹的方法。

4. 复制、删除文件和文件夹

在 Windows 7 中，文件夹的含义非常广。例如，整个电脑就是一个名为"计算机"的文件夹。双击"计算机"图标打开这个文件夹时，在桌面上出现了目录为"计算机"的窗口，在这个窗口里面出现了"Windows7_OS（C：）"等盘符。这些盘符也是一个个文件夹。

复制文件或文件夹是指将文件或文件夹从原来的位置复制到一个新的位置。操作时先选中要复制的文件或文件夹，单击右键，在快捷菜单中选择"复制"命令，然后选择要复制到的文件夹目录，单击右键，在快捷菜单中选择"粘贴"命令，文件或文件夹复制完成。

对于不用的文件或文件夹，可以将其删除以腾出磁盘空间。在 Windows 7 中删除文件或文件夹有以下三种方法：

① 选中要删除的文件或文件夹，然后选择"文件"菜单中的"删除"命令。

② 选中要删除的文件或文件夹，然后按键盘上的 Del 键也可完成删除操作。

③ 选中要删除的文件或文件夹，然后用鼠标将它们直接拖动到回收站中。

使用上述方法，有时会弹出一个对话框，需要你进一步确认是否将选中的文件或文件夹进行删除。单击"是"按钮，可把选中的文件或文件夹放入"回收站"中。

练习 4. 试通过窗口左边的"资源管理器"对文件和文件夹进行查看、选中、复制、移动、删除等操作。

5. 回收站的使用

Windows 7 中的"回收站"是一个特殊的文件夹，在其他文件夹中删除的文件和文件夹并没有被真正的删除，只是被移动到了"回收站"中。在"回收站"中，既可以把这些文件或文件夹恢复过来，也可以将其彻底删除。打开"回收站"窗口就可以看见这些命令，如图 1-18 所示。

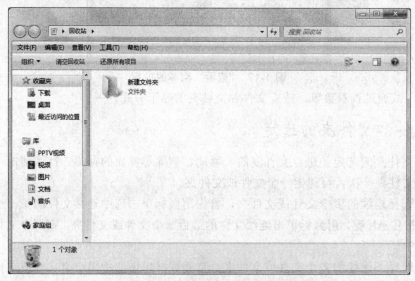

图 1-18 "回收站"窗口内容

练习 5. 试在桌面上新建几个文件和文件夹，练习删除和彻底删除操作。

任务二　打字速度大比拼！

一、知识结构

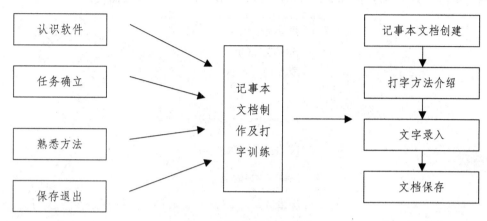

图 2-0　本任务内容结构

二、任务内容

本次任务为通过"记事本"创建一个文档，通过一种输入法录入一段文字并保存，最后计算自己的打字速度，图 2-1 即为该内容的效果展示。

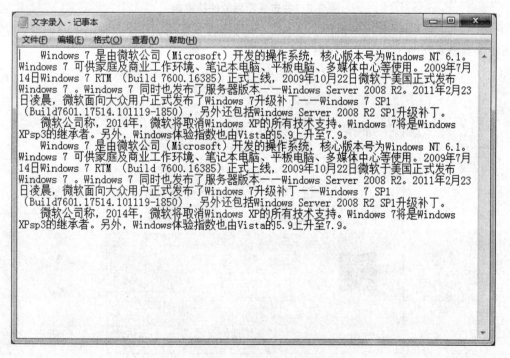

图 2-1　录入文字后的记事本文档

三、操作演示

1. 认识桌面"小工具"

Windows 7 提供了时钟、天气、日历等一些实用的小工具。右击桌面空白处，在弹出的快捷菜单中选择"小工具"，如图 2-2 所示，即可打开"小工具"管理面板。

图 2-2　右击桌面后的快捷菜单

打开后的"小工具"管理面板如图 2-3 所示，直接将要使用的小工具拖动到桌面即可使用。有的小工具需要联网才能获得实时更新，如"货币"、"天气"等。

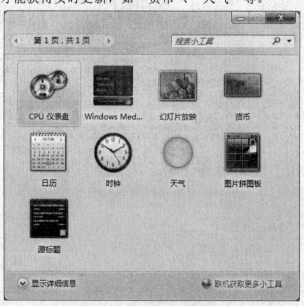

图 2-3　"小工具"管理面板

2. 键盘的操作

键盘是最常用也是最主要的输入设备，通过键盘可以将英文字母、数字、标点符号等输入到计算机中，从而向计算机发出命令、输入数据等。

键盘通常由功能键区、主键盘区、编辑键区、辅助键区和状态指示灯组成，如图2-4所示。

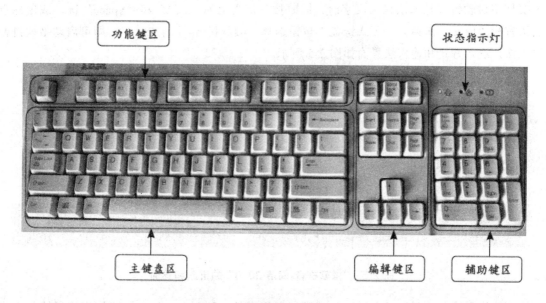

图2-4　键盘的基本构成

① 功能键区：位于键盘的最上端，由 Esc、F1～F12 这 13 个键组成。Esc 键称为返回键或取消键，用于退出应用程序或取消操作命令。F1～F12 这 12 个键被称为功能键，在不同程序中有着不同的作用。

② 主键盘区：是最常用的键盘区域，由 26 个字母键、10 个数字键以及一些符号和控制键组成。

③ 编辑键区：共有 13 个键，下面 4 个键为光标方向键，上方 9 个为功能键。

④ 辅助键区：通常也叫做小键盘，可以进行输入数据等操作。当第一个键盘指示灯亮起时，该区域键盘被激活，可以使用；当该灯熄灭时，则该键盘区域被关闭。

⑤ 状态指示灯：位于键盘的右上方，由 Caps Lock、ScrollLock、Num Lock 三个指示灯组成。

整个键盘上，"F"键与"J"键上有突起的一横，这是使用键盘时食指所放的位置；然后两个拇指放在空格键上；其余手指依次放在"ASD"与"KL；"键上。正确的键盘使用方法能大大提高效率，同时也有利于身心健康。

3. 输入法介绍

汉字的输入在汉字信息的处理过程中占有举足轻重的地位。文字输入技术主要有键盘输入和非键盘输入两大类。键盘输入主要是指用户通过敲击键盘来达到输入的目的；而非键盘输入主要是通过扫描、手写设备、语音等方式输入。

键盘输入法就是用英文字母或阿拉伯数字等符号作为汉字的编码，要输入哪个汉字，只需输入它的编码即可，然后经过软件的处理，转换成相应的汉字。在 Windows 7 中，用户可以使用 Windows 7 内置的微软拼音输入法，也可以添加其他输入法，如五笔字型输入法等。

汉字输入本次任务主要介绍微软拼音输入法，它是一种基于语句的智能型的拼音输入法，采用拼音作为汉字的录入方式，包括"微软拼音-简洁 2010"和"微软拼音-新体验 2010"。当需要使用微软拼音输入法输入汉字时，同时按下键盘上的"Ctrl"和"Space"键，或鼠标点击语言栏"中文（简体）－英式键盘"按钮选择"微软拼音-简洁 2010"，即可启动微软拼音输入法，进入方式和输入法界面如图 2-5 所示。

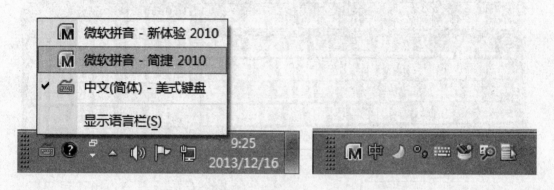

图 2-5 "微软拼音-简洁 2010"的进入和界面

微软拼音输入法可以输入过程和书写汉语拼音的过程完全一致；也可以用简拼输入方式来输入词组，即一次取组成词组的各个单字的拼音的第一个字母组成简拼码；还可以采用混拼输入方式，即输入词语时，根据组成词语的每个单字进行编码，有的字取其全拼码，有的字则取其拼音的第一个字母或完整声母。

在输入时，空格键表示输入码结束，并可通过按"+""-"键、"[""]"键或翻页键进行上下翻屏查找重码字或词，如图 2-6 所示。找到对应的字或词以后，再选择相应字或词前面的数字完成输入。

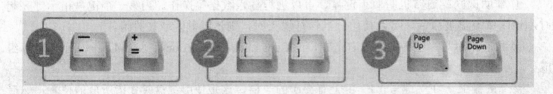

图 2-6 "+""-"键、"[""]"键和翻页键

4.具体操作步骤

（1）双击桌面上新建的以自己名字命名的文件夹图标打开该窗口，在窗口中右边空白处右击鼠标弹出快捷菜单。选择"新建"并在弹出的下拉菜单中选择"文本文档"，如图 2-7 所示。

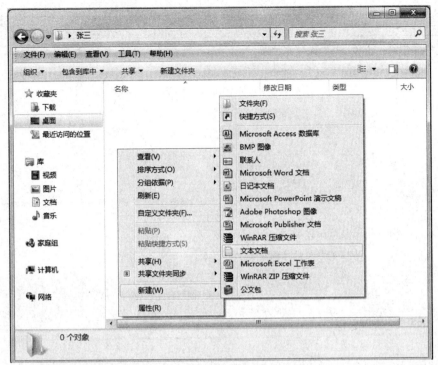

图 2-7　鼠标右键"新建"选项

（2）将文档重命名为"文字录入"，如图 2-8 所示。

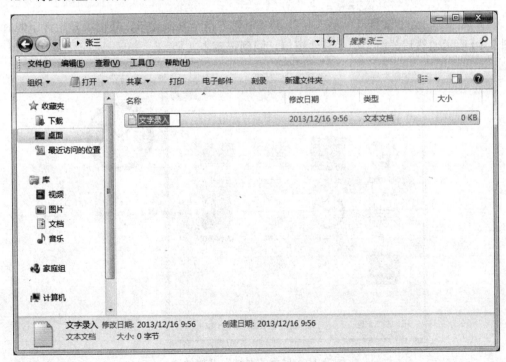

图 2-8　对文档重命名

（3）双击打开"文字录入"文档，将鼠标移到文档的右下角变成双箭头形状后，按下鼠标拖动调整文档窗口到合适的大小，如图 2-9 所示。

图 2-9　记事本界面大小调整

（4）桌面空白处右键打开"小工具"，将"时钟"拖至桌面显示，并记录开始打字的时间，如图 2-10 所示。然后关闭"小工具"窗口，回到记事本文档。

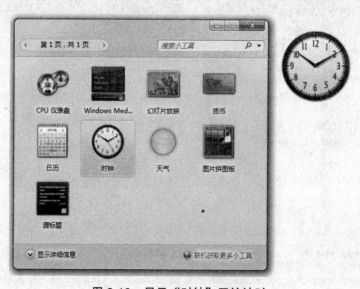

图 2-10　显示"时钟"开始计时

（5）熟练使用键盘，通过中英文输入法的切换，输入以下文字，并记录文字输入完以后的时间，如图 2-11 所示。

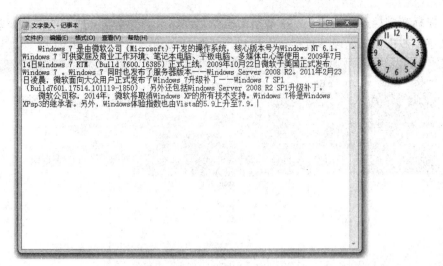

图 2-11 在记事本中输入文字

温馨提示

在输入过程中如果发现输入错误，或者多输入了文字，分以下三种情况可以删除。

① 删除光标前面的一个字符：把光标移到要删除文字的后面，按"Backspace"退格键。

② 删除光标后面的一个字符：把光标移到要删除文字的前面，按"Delete"删除键。

③ 成批删除：先选定要删除的文字（在要选定的文字开始处按住鼠标左键不放，拖动鼠标到结束处），再按"Delete"键。

如果在输入过程中出现漏输入文字，只需把鼠标指针移动到漏输文字处单击，在光标处输入漏掉的文字，输入的文字即插入到光标前面。

（6）全文总共 411 个字符，用字符数除以打字所用的分钟数就得到自己的打字速度，单位为 wpm（全称为 words per minute，即每分钟多少个字的意思，打字测速的一种标准）。可以自行计算或使用 Windows 7 自带的计算器程序进行计算，如图 2-12 所示。

图 2-12 用"计算器"计算打字速度

（7）鼠标在文档开始处按下，拖动至文档结束，选中所有文字（选中的文字呈蓝色）。在选中的文字上右击鼠标出现下拉菜单，选择"复制"，如图 2-13 所示。

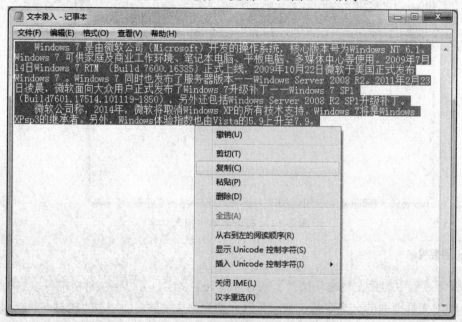

图 2-13 "复制"所选择的文字

（8）在文档结束后的空白处单击鼠标取消选择，按下键盘上的"Enter"键将光标定位到下一行后，右击鼠标出现下拉菜单，选择"粘贴"，如图 2-14 所示。

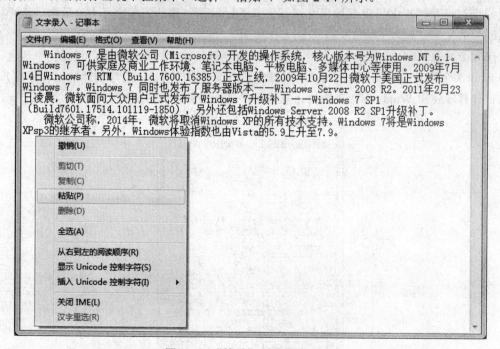

图 2-14 "粘贴"所选择的文字

（9）点击"文件"菜单中的"保存"按钮，将文档保存起来，如图 2-15 所示。保存完成后，点击"文件"菜单中的"退出"按钮即可退出记事本程序。

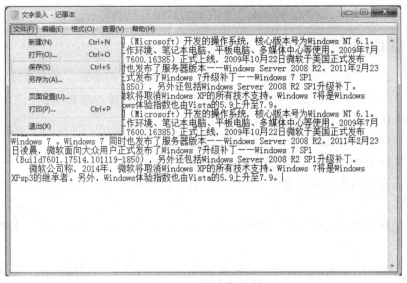

图 2-15 "保存"文档

到此，本次任务的内容操作部分讲解完毕。

四、拓展练习

为了更准确地计算文字录入所用的时间，可以将时钟小工具的秒针等信息也显示出来。

1. 设置时钟属性

将鼠标指针悬停在时钟小工具上，当出现操作提示图标后单击"选项"按钮，打开属性设置界面，如图 2-16 所示。在设置界面可以选择时钟的外观、是否显示秒针等。用户也可以在桌面上添加多个时钟工具，显示不同国家的时间。

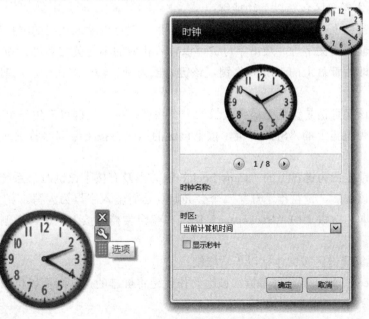

图 2-16 时钟工具的选项及设置

练习 1. 试将时钟的秒针显示出来，更准确的测试自己的打字速度。

2. 文本的复制和移动

在录入文本时，常常需要重复输入一些前面已经输入过的文本，使用复制操作可以减少键入错误，提高效率。复制文本有很多种方法，本次任务的操作步骤中介绍了其中一种，这里再补充一种方法，具体步骤如下：

① 选定所要复制的文本。

② 单击鼠标右键，在弹出的快捷菜单中选择"复制"按钮。

③ 将插入点移动到文本拟要复制到的新位置。此新位置可以是在当前文档中，也可以是在其他文档中。

④ 单击鼠标右键，在弹出的快捷菜单中选择"粘贴"按钮，所选定的文本便复制到指定的新位置上。

此外系统还提供了文本移动功能，即将某些文本从一个位置移动到另一个位置，以调整文档的结构。移动文本的方法跟复制类似，具体步骤如下：

① 选定所要移动的文本。

② 单击鼠标右键，在弹出的快捷菜单中选择"剪切"按钮。

③ 将插入点移动到文本拟要复制到的新位置。此新位置可以是在当前文档中，也可以是在其他文档中。

④ 单击鼠标右键，在弹出的快捷菜单中选择"粘贴"按钮，所选定的文本便复制到指定的新位置上。

练习 2. 试练习选中文本后复制或移动该文本的内容。

3. 键盘功能键的补充介绍

① 键盘的主键盘区包括以下功能键：

数字键：键盘上有 0～9 共 10 个数字，敲击数字键可以输入相应的阿拉伯数字。

字母键：输入英文字母，敲击字母键可以输入相应的小写英文字母。

回车键：即为键盘上的"Enter"键，该键一般为确认输入的指令，在编辑文档时作为另起一行使用。

空格键：该键可谓是键盘上最大最长的一个按键，按下该键可产生一个字符的空格。

上档键：为键盘上的"Shift"键，按下该键的同时再按下某双字符键即可输入该键的上档字符。

大写字母锁定：为键盘上的"Caps Lock"键。当没有按下该键时，系统默认以小写字母输入；当按下该键后，键盘指示灯第二个会亮起，这时输入字母为大写。

退格键：即为键盘上的"Backspace"键。在编辑文档时按下该键，会删除光标所处位置的前一个字符。

② 键盘的编辑键区按键包括以下功能键：

"Print Screen"键：复制屏幕键。该键的作用是将屏幕的当前画面以位图形式保存在粘贴板中。

"Scroll Lock"键：屏幕滚动锁定键。在 DOS 时期用处很大，由于当时显示技术限制了屏幕只能显示宽 80 个字符、长 25 行的文字，在阅读文档时，使用该键能非常方便地翻滚页面。

"Pause Break"键：暂停键。在 DOS 下，按下该键屏幕会暂时停止，在某些电脑启动时，按下该键会停止在启动界面。

"Insert"键：插入键。在文档编辑时，用于切换插入和改写状态。

"Home"键：行首键。按下该键，光标将移动到当前行的开头位置。

"Page Up"键：向上翻页键。按下该键，屏幕向上翻一页。

"Delete"键：删除键。按下该键将删除光标所在位置的字符。

"End"键：行尾键。按下该键，光标将移动到当前行的末尾位置。

"Page Down"键：向下翻页键。按下该键，屏幕向后翻一页。

练习 3. 试敲击键盘上的功能键，掌握各键的应用方法，达到熟练。

任务三 美感瞬间不容错过！

一、知识结构

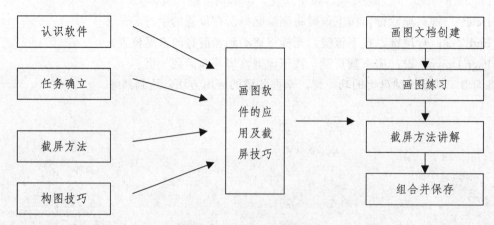

图 3-0 本任务内容结构

二、任务内容

本次任务为通过画图软件和截屏工具绘制出一幅精美图画并保存成为可以观看和使用的图片格式，图 3-1 即为该内容的效果展示。

图 3-1 精美图片

三、操作演示

1. 图片文档的创建

开机进入操作系统平台之后，单击桌面左下角"开始"菜单，在"所有程序"中找到"附件"文件夹选项，再点击展开栏中的"画图"图标，即可开启画图程序，如图 3-2 所示。

图 3-2 "画图"工具的打开路径

开启"画图"程序之后，桌面上出现名为"无标题-画图"的窗口，通过点击窗口右上角的按钮，可以调整窗口的显示方式，让窗口"最大化"、"向下还原"、"最小化"和"关闭"，如图 3-3 所示。

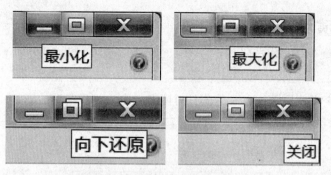

图 3-3 "画图"工具的打开路径

2. 画图软件界面的讲解

在开启"画图"软件以后,进入完整的界面,如图 3-4 所示。

其中顶部为快速访问工具栏和标题栏,下面是常用的功能区,里面包括了所有的可操作命令菜单。下面的最大片的灰色区域是操作区,最底部是"状态栏"。

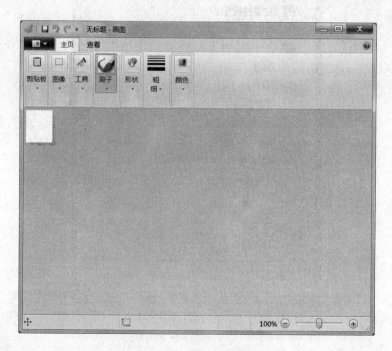

图 3-4 画图工具界面

3. 具体操作步骤

(1)打开绘图软件,将鼠标移动至操作区的白色画图文档右下角,变成双箭头形状。按下鼠标拖动至状态栏中参数为"756*570 像素"大小,如图 3-5 所示。

图 3-5　画图文档大小设置

（2）选择颜色面板中的"颜色 1"，并在右边的色块中选择左上角第一个"黑色"，然后选择工具箱中的"用颜色填充"工具，如图 3-6 所示，在"绘图区"单击鼠标，将图像背景填充成黑色。

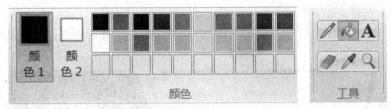

图 3-6　画图软件工具栏

（3）使用"形状"选项栏中的"直线"工具，在右边粗细设置中选择第二个（3px）选项，该工具下方可以选择直线的粗细，如图 3-7 所示。接着在色板中选择"白色"，绘制出人物轮廓。

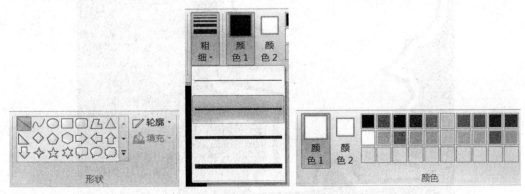

图 3-7　"直线"工具及选项

（4）选择工具箱中的"用颜色填充"工具，在色板中选择"白色"后，将绘制出的人物轮廓内的部分填充成白色，如图 3-8 所示。

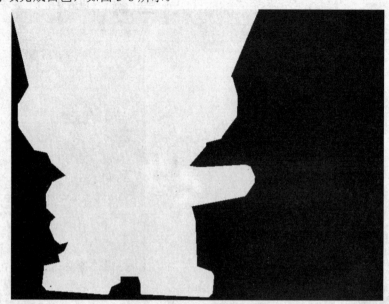

图 3-8　轮廓背景勾勒效果

🅰️温馨提示

在填充颜色之前，首先必须保证"直线"工具绘制出的轮廓必须是一个封闭的线条，如果线条之间有缝隙，将不能顺利填充颜色。可通过调整画图软件右下角状态栏里的百分比比例，将图片放大查看是否有缝隙。

（5）使用"直线"工具，在色板中选择"黑色"，然后沿着白色轮廓内边沿，绘制出人物的轮廓，如图 3-9 所示。

图 3-9　轮廓线勾勒效果

（6）用"直线"工具勾出人物头发的线条，再利用"用颜色填充"工具，将头发填充为黑色，如图3-10所示。然后切换到"直线"工具，在色板上选择灰色，在头发上断断续续画上几条直线。

图3-10　头发区域勾勒效果

（7）用"直线"工具勾出人物脸部，再选择"用颜色填充"工具，选择色板上的"橙色"，将人脸填充，如图3-11所示。

图3-11　面部勾勒效果

（8）接下来将"直线"工具、"用颜色填充"工具和色板上的颜色相结合，最终绘制出整个人物，在绘制的过程中可以根据自己的喜好选择具体颜色，如图3-12所示。

图 3-12　衣服等细节填充效果

在本次任务的完成图中，右边部分的图像是计算机的桌面，而且里面还是任务一的内容。键盘中的"F12"键的旁边截屏键"Print Screen SysRq"可以实现这个功能，通过它可以将整个桌面上显示的内容截取下来。

（9）将画图软件窗口最小化，制作任务一内容的桌面环境。按下"Print Screen SysRq"键，然后打开画图软件窗口，选择"主页"菜单中的"粘贴"命令。这样就将整个屏幕的内容截取并粘贴到了画图软件中，如图 3-13 所示。

图 3-13　抓屏后导入"画图"软件

此时鼠标变成四向箭头状，按下鼠标向右下角拖动，可以看到下面的部分是刚才画的人物图像，如图 3-14 所示。将鼠标移到截屏图像的左上方，鼠标变成了斜向的双箭头，此时我们可以拖动来调整截屏图像的大小。

图 3-14　将载入图片拖移到指定位置

（10）通过 Ctrl+W 打开"调整大小和扭曲"窗口，将截图画面"水平"和"垂直"百分比值都设置为 20，即将截图缩小到原来的 20% 大小。再用鼠标适当调整后，切换到"直线"工具，在色板上选择白色，给截屏图片画上白边，如图 3-15 所示。

图 3-15　缩小图片并添加白色边界线的效果

温馨提示

至此画图作品完成，现在我们可以将它保存以备以后浏览或使用。

（11）单击画图软件左上角的"保存"按钮，弹出"保存为"对话框，选择保存地点为桌面上以自己名字命名的文件夹，在"文件名"中输入标题："美感瞬间不容错过"，在"保存类型"下拉菜单中选择"JPEG（*.JPG；*.JPEG；*.JPE；*.JFIF）"并点击保存按钮。如图3-16所示。

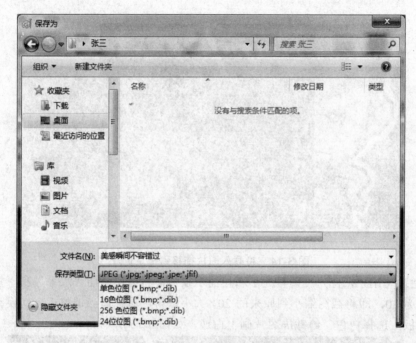

图 3-16 "保存为"窗口

到此，本次任务的内容操作部分讲解完毕。

四、拓展练习

截屏键"Print Screen SysRq"，可以用于随时截取整个屏幕或者当前正被激活的窗口，在上面的例子中讲解了该键截取整个屏幕的用法，现在补充讲解"Print Screen SysRq"键截取当前正被激活窗口的方法。

1. 截屏键"Print Screen SysRq"截取窗口

使用"Print Screen SysRq"键截取当前正被激活窗口步骤如下：
① 打开需要截取的程序窗口，使之呈激活状态。
② 按住"Alt"键，再按下"Print Screen SysRq"键，此时该窗口已经在剪贴板中。
③ 打开画图软件，选择"主页"菜单中的"粘贴"命令，窗口图像就被显示在画图工具中了，此时就完成了对当前正被激活窗口的截取，并可以根据需要进行编辑。
练习1. 试打开一个程序窗口，练习使用"Print Screen SysRq"键截取。

2. 图片格式比较及应用

画图工具能够保存的文件格式有很多种，包括："单色位图"、"16色位图"、"256色位图"、"24位位图"、"JPEG"、"GIF"、"TIFF"、"PNG"，这些图片格式区别如下：

BMP：Windows 系统下的标准位图格式，使用很普遍。其结构简单，未经过压缩，一般图像文件会比较大。它最大的好处就是能被大多数软件"接受"，可称为通用格式。其中"单色位图"、"16色位图"、"256色位图"、"24位位图"的区别只在位图的清晰程度上，当然，越清晰的位图所占的空间也越大。

JPEG：也是应用最广泛的图片格式之一，它采用一种特殊的有损压缩算法，将不易被人眼察觉的图像颜色删除，从而达到较大的压缩比（可达到2：1甚至40：1），所以"身材娇小，容貌姣好"，特别受网络青睐。

GIF：分为静态 GIF 和动画 GIF 两种，支持透明背景图像，适用于多种操作系统，"体型"很小，网上很多小动画都是 GIF 格式。其实 GIF 是将多幅图像保存为一个图像文件，从而形成动画，所以归根到底 GIF 仍然是图片文件格式。

TIFF（Tag Image File Format）：是 Mac 中广泛使用的图像格式，它由 Aldus 和微软联合开发，最初是出于跨平台存储扫描图像的需要而设计的。它的特点是图像格式复杂、存储信息多。正因为它存储的图像细微层次的信息非常多，图像的质量也得以提高，故而非常有利于原稿的复制。

PNG：与 JPG 格式类似，网页中有很多图片都是这种格式，压缩比高于 GIF，支持图像透明，可以利用 Alpha 通道调节图像的透明度。

本次任务选择"JPEG（*.JPG；*.JPEG；*.JPE；*.JFIF）"格式的好处在于以后便于查看和引用，一般的照片和网页图片也是采用的这种格式。

练习2. 试在现实生活中找到各种图片格式应用的实例，并加以比较。

Microsoft word 篇

任务四　我的校园生活日记！

一、知识结构

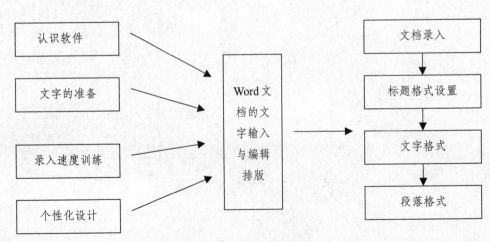

图 4-0　本任务内容结构

二、任务内容

本次任务为练习 Word 2010 文档的美化与修饰，设计出富有个性化的文档效果，并保存。图 4-1 即为该内容的效果展示。

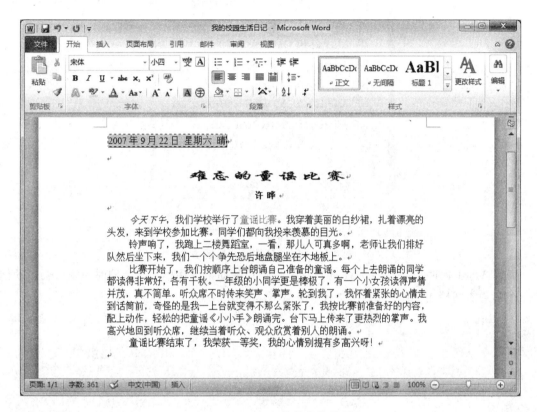

图 4-1　Word 文档的美化效果

三、操作演示

温馨提示

Word 2010 是运行在 Windows 平台上的文档编辑软件，是由美国 Microsoft 公司开发的 Office 2010 系列办公软件中最主要的组成部分。它的功能十分强大：能处理文字的录入、编辑、排版、打印；可以方便地绘制表格，对表格中的数据进行计算、排序；可以在文字中插入图片、音乐、动画、电影等多媒体对象；还可以编辑简单网页。Word 2010 采用了"所见即所得"的处理方式，使编辑的结果立即可以在屏幕上看到。Word 2010 是目前使用最广泛的文档编辑软件。

1. Word 文档的创建

开机进入操作系统平台之后，单击左下角"开始"菜单，在"所有程序"中找到"Microsoft Office"文件夹，再点击展开栏中的"Microsoft Word 2010"即可开启 Word 软件，如图 4-2 所示。

图 4-2　Word 软件的开启选项

　　开启 Word 软件平台之后，Word 应用程序窗口随即出现在屏幕上，同时 Word 会自动创建一个名为"文档 1"的新文档，如图 4-3 所示。

图 4-3　Word 软件开启后的界面

2. Word 文档界面的讲解

Word 窗口由标题栏、快速访问工具栏、文件选项卡、功能区、工作区、状态栏、文档视图工具栏、显示比例工具栏、滚动条、标尺等部分组成。Word 窗口组成如图 4-4 所示。

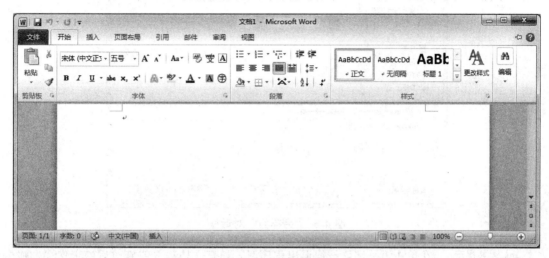

图 4-4　Word 窗口组成

窗口顶部的快速访问工具栏使用户能快速启动经常使用的命令。在快速访问工具栏和标题栏下面为"文件"选项卡和功能区。"文件"选项卡中提供了一组文件操作命令，例如"新建"、"打开"、"关闭"、"另存为"、"打印"等。Word 2010 默认含有 8 个功能区，分别是："开始"、"插入"、"页面布局"、"引用"、"邮件"、"审阅"、"视图"和"加载项"功能区，通过它们可以对创建或打开的文档进行各种编辑、排版操作。

在下面一排和最左面一排为"标尺"，中间的空白区域为"工作区"。

温馨提示　输入的文字将显示在"工作区"中。在"工作区"的第一行第一列处有一个闪烁着的黑色竖条（或称光标），称为插入点，键入文本时，它指示下一个字符的位置。每输入一个字符插入点自动向右移动一格。

最下面是"状态栏"、"文档视图工具栏"和"显示比例控制栏"。

温馨提示　一篇文档的内容输入修改完毕，还需要对它进行美化修饰，才能使其美观实用。美化修饰主要是设置字体格式、设置段落格式和设置版面，这是本次任务的重点。

3. Word 文档的保存及退出

文档录入和编辑完成以后，该内容还驻留在计算机的内存之中。为了永久保存所建立的文档，在退出 Word 前应单击标题栏的"保存"按钮，将它保存起来。如果是第一次保存文档，或者通过"文件"选项卡的"另存为"命令来用另一个文件名保存文档时，会打开如图 4-5 所示的"另存为"对话框。

在"文件名（N）："后面输入正确的文件名字以后，点击"保存"按钮即可完成操作。保存后的文档，通过单击窗口右上角的"关闭"按钮就可以退出程序了。

图 4-5 "另存为"对话框

> 温馨提示　　在单击"关闭"按钮退出程序时，如有文档输入或修改后尚未保存，那么
> Word 将会给出一个对话框，询问是否要保存未保存的文档，单击"保存"按钮，直接保存或
> 进入"另存为"对话框执行操作即可。"不保存"按钮代表放弃存储当前输入或修改的内容，
> "取消"按钮则代表取消这次操作，继续输入或修改文档。

4. 具体操作步骤

（1）开启 Word 2010 软件，单击标题栏的"保存"按钮 ，弹出"另存为"对话框，如图
4-6 所示。将文件命名为"我的校园生活日记"，并将其保存到桌面以自己名字命名的文件夹中。

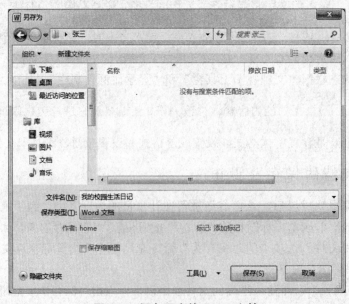

图 4-6　保存开启的 Word 文档

（2）使用自己熟悉的输入法，在文档中录入下列文字，如图 4-7 所示。

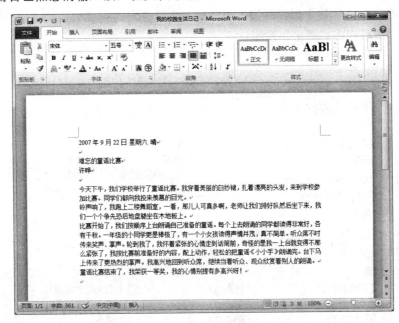

图 4-7　文字内容的录入

（3）将光标定位到第一行文字"2007 年 9 月 22 日　星期六　晴"左边，拖动鼠标选中文字，右击鼠标弹出如图 4-8 所示下拉菜。

图 4-8　选中文字后的右键菜单

（4）在下拉单菜单中选择"字体"菜单，弹出"字体"对话框。在该对话框中选择"字体"选项卡，在"中文字体"列表框的下拉按钮中选择"宋体"，将"字号"设置为"小四"，如图 4-9 所示。然后点击"确定"按钮。

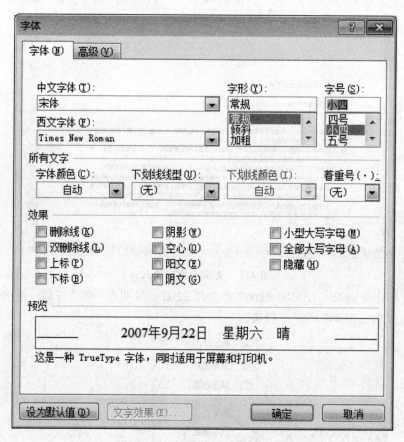

图 4-9　"字体"选项窗口

（5）保持第一行文字选择状态不变，单击"页面布局"功能区"页面背景"组中的"页面边框"按钮，如图 4-10 所示，打开"边框和底纹对话框"。

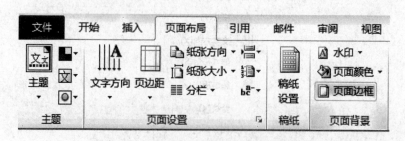

图 4-10　"页面布局"中的"页面边框"

（6）在"边框和底纹"对话框中，选择"边框"选项卡，在"设置"列表中选择"阴影"，在"样式"列表中选择第四个"虚线"，并在"应用于"列表框中选定为"文字"。如图 4-11 所示。

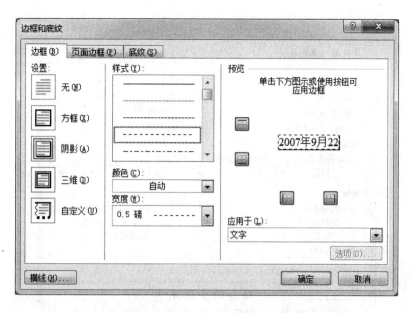

图 4-11 "边框和底纹"的"边框"选项卡窗口设置

（7）在该对话框中选择"底纹"选项卡，在"填充"列表中选择下拉菜单中的第三排第一个"白色，背景 1，深色 15%"主题颜色。在"应用于"列表框中选定为"文字"，如图 4-12 所示。然后点击"确定"按钮完成首行设置。

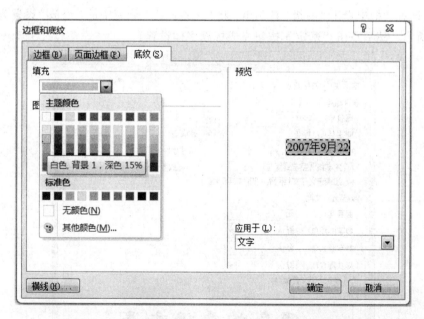

图 4-12 "边框和底纹"的"底纹"选项卡窗口设置

（8）选中第三行文字，即日记标题："难忘的童谣比赛"，选择右击鼠标弹出下拉菜单中的"字体"菜单，弹出"字体"对话框。在该对话框中选择"字体"选项卡，在"中文字体"列表框下拉菜单中选择"华文行楷"，在"字号"列表框中选择"小三"字体大小，如图 4-13 所示。

图 4-13 "字体"对话框中的"字体"选项卡设置

（9）在该对话框中点击"高级"选项卡，将"字符间距"列表中的"缩放"设置为"200%"，如图 4-14 所示。然后点击"确定"按钮完成标题字体设置。

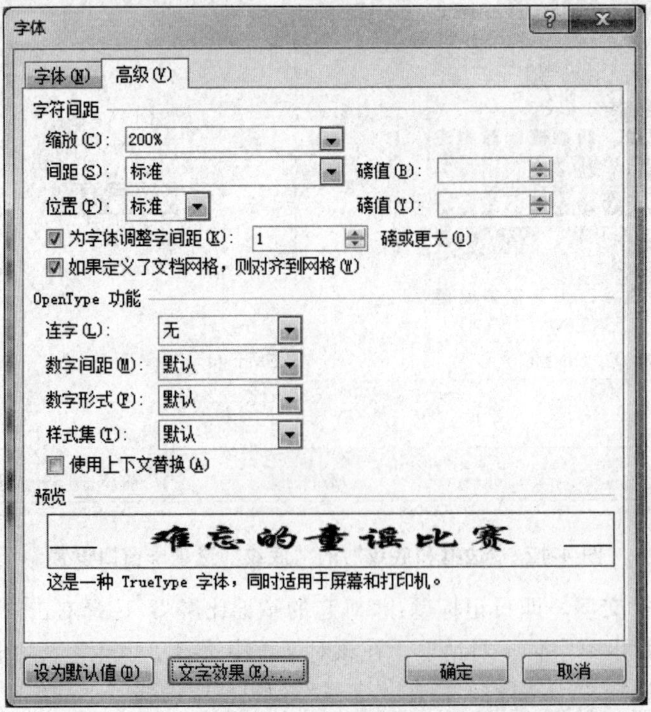

图 4-14 "字体"对话框"高级"选项卡设置

（10）保持第三行文字选择状态不变，选择右击鼠标弹出下拉菜单中的"段落"菜单，弹出"段落"对话框。"缩进和间距"选项卡中将"常规"列表中的"对齐方式"设置为"居中"，如图 4-15 所示。然后点击"确定"按钮完成标题段落设置。

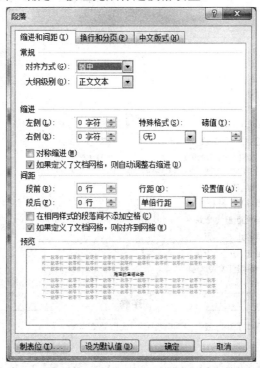

图 4-15　"段落"对话框"缩进和间距"选项卡设置

（11）选中第四行的文字，即文章作者"许晔"，用同样的方法打开"字体"对话框。在该对话框中选择"字体"选项卡，在"中文字体"列表框下拉菜单中选择"宋体"，在"字形"列表框中选择"加粗"，在"字号"列表框中选择"五号"字体大小，如图 4-16 所示。

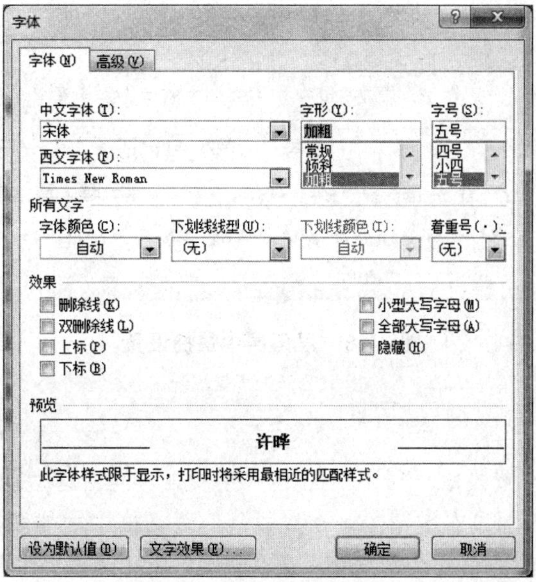

图 4-16　"字体"对话框中"字体"选项卡设置

（12）在该对话框中点击"高级"选项卡，在"字符间距"列表中的"间距"旁边的下拉菜单中选择"加宽"，并设置后面的"磅值"参数为"2磅"，在"位置"旁边的下拉菜单中选择"提升"，并设置后面的"磅值"参数为"3磅"，如图4-17所示。然后点击"确定"按钮完成作者字体的设置。

图4-17 "字体"窗口"字符间距""字体"选项设置

（13）保持第四行文字选择状态不变，单击"开始"功能区"段落"组中的"居中"按钮，如图4-18所示，将作者姓名也像标题一样居中。

图4-18 段落居中快捷设置

😊温馨提示

步骤（13）介绍了设置段落"居中"的另一种方法。但在这个功能区中只包含了一些常用的设置，更多的还是要通过右键菜单，在"段落"对话框中才能获得全部设置条件。

（14）选中第六行后面的正文全部文字，在"开始"功能区"字体"组中选择字号"小四"，如图4-19所示。

图 4-19　字体的字号快捷设置

　　步骤（14）介绍了设置字体"字号"的另一种方法。但在这个功能区中只包含了一些常用的设置，更多的还是要通过右键菜单，在"字符"对话框中才能获得全部设置条件。

　　（15）保持文字选择状态不变，选择右击鼠标弹出下拉菜单中的"段落"菜单，弹出"段落"对话框。"缩进和间距"选项卡中将"常规"列表中的"对齐方式"设置为"左对齐"，在"特殊格式"列表中选择"首行缩进"，"磅值"输入"1.01 厘米"，"行距"列表选择"单倍行距"，如图 4-20 所示。然后点击"确定"按钮完成正文文字的段落设置。

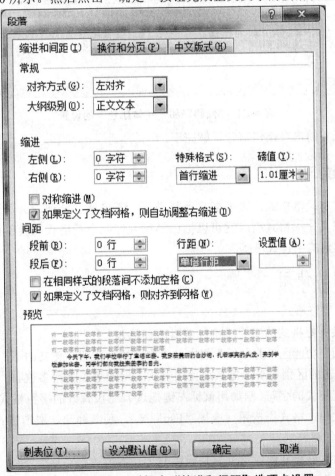

图 4-20　"段落"对话框中"缩进和间距"选项卡设置

　　最后进行一下小的处理，比如将突出日期的"今天下午"设置为"倾斜"，将突出事件的

"童谣比赛"设置为"绿色"。这两个设置都可以在"字体"对话框中完成，最后的效果如图 4-21 所示。设置完成后，单击标题栏的"保存"按钮，即可保存退出。

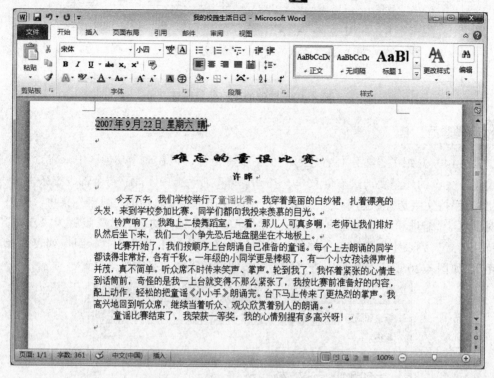

图 4-21 "倾斜"和"字体颜色"的设置

到此，本次任务的内容操作部分讲解完毕。

四、拓展练习

设置字符格式和段落格式，需要多次反复进行，既单调又繁琐。为了简化设置，系统提供了快速设置的工具——格式刷，它可以把已经设置好的字符格式或段落格式（包括边框和底纹等）复制给其他的字符或段落。

1. 格式刷的使用

用格式刷复制字符格式：

① 先选定已设置好格式的字符（不包含段落标记）。

② 双击"开始"功能区"剪贴板"组中的"格式刷"按钮，使其凹下。（也可以单击格式刷按钮。单击和双击的区别在于单击只能使用一次，双击可以使用多次。）

③ 选定要设置格式的字符（例如用鼠标左键拖过），已设置好的字符格式即复制给该字符。

④ 用完后再次单击格式刷按钮（或按"Esc"键），使其弹起，取消格式刷功能。

用格式刷复制段落格式：

① 先选定已设置好格式的段落（包括段落标记在内）。

② 双击"开始"功能区"剪贴板"组中的"格式刷"按钮，使其凹下。

③ 选中要设置格式的段落（例如用鼠标左键在选定栏拖动），已设置好的段落格式即复制

给该段落。

④用完后再次单击格式刷按钮，使其弹起，取消格式刷功能。

练习1. 试练习用格式刷复制字符或段落的格式。

2. 页眉和页脚的设置

如果要写多篇风格相近的日记，建议设置相同的页眉和页脚。页眉是指文档正文到页面上边界之间的内容，例如教科书中的页眉就有该书的名称和相关章节。页脚是文档正文到页面下边界之间的内容，最常见的页脚就是页码。

设置页眉和页脚可以单击"插入"功能区"页眉和页脚"组中的"页眉"、"页脚"按钮，根据提示进行操作。还可以给文档插入页码，多数情况下，页码是放在页眉或页脚中，但也可以不放在页眉或页脚中，通过"页眉/页脚"组中的"页码"按钮可以设置页码。

修改页眉和页脚：双击已经建立好的页眉和页脚，即可进入页眉和页脚编辑状态，可对原有的页眉和页脚进行修改或删除。

练习2. 试练习根据自己的喜好设置日记的页眉页脚。

任务五　给父母报去的平安和祝福

一、知识结构

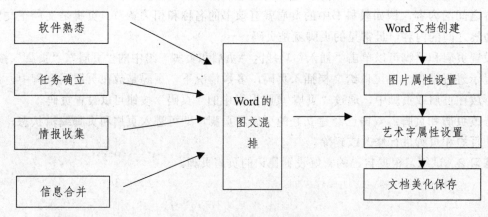

图 5-0　本任务内容结构

二、任务内容

本次任务为通过 Word 创建一个简单的文档，制作学生给父母报去平安和祝福的一封信，达到图文并茂的效果，图 5-1 即为该内容的效果展示。

图 5-1　任务五效果展示图

三、操作演示

1．在 Word 中插入图

在使用 Word 2010 编辑文档的过程中，经常需要在文档中插图，具体分为以下几种情况。

（1）插入来自文件的图片：

① 打开 Word 2010 文档，切换到"插入"功能区，单击"插图"分组中的"图片"按钮，如图 5-2 所示。

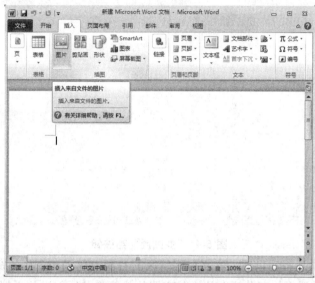

图 5-2　"图片"组按钮

② 在弹出的"插入图片"对话框中，通过需要插入图片的路径查找到图片，选中该图片后单击"插入"按钮，如图 5-3 所示，就能将其插入当前文档中。

图 5-3　插入"图片"

（2）插入剪贴画：

① 打开 Word 2010 文档，切换到"插入"功能区，单击"插图"分组中的"剪贴画"按钮，如图 5-4 所示。

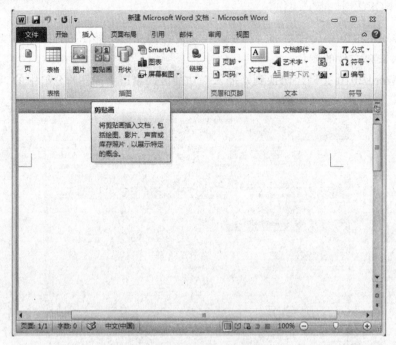

图 5-4 "剪贴画"组按钮

② 单击"剪贴画"按钮以后，在文档编辑区的右侧出现了一个任务窗格，点击"搜索"按钮会出现许多可供选择的剪贴画图片，单击图片就能将其插入当前文档中，如图 5-5 所示。

图 5-5 插入"剪贴画"

（3）插入形状：

① 打开 Word 2010 文档，切换到"插入"功能区，单击"插图"分组中的"形状"按钮，如图 5-6 所示。

图 5-6 "形状"组按钮

② 单击"形状"按钮以后，出现图形组下拉菜单，点击想要使用的图形后，在需要放置图形的地方单击鼠标左键，就能将其插入当前文档中，如图 5-7 所示。

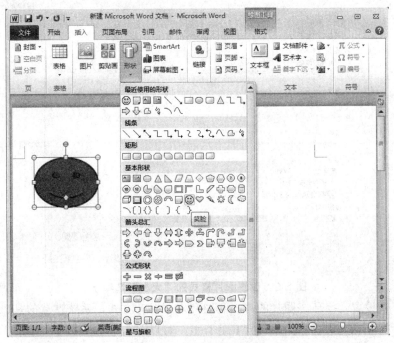

图 5-7 "形状"组图形

2. 设置图片格式

为了让图片更好地融合到文档中，更具有美感，用鼠标单击图片，激活后右击鼠标选择"设置图片格式"，弹出相应对话框，可以设置通过"颜色与线条"、"大小"、"版式"、"图片"、"文本框"、"网站"六个选项卡设置图片格式。

颜色与线条：单击"填充"、"线条"、"箭头"下的内容，可以根据需要更改线条、更改图形的颜色、给线条增加箭头等，如图5-8所示。

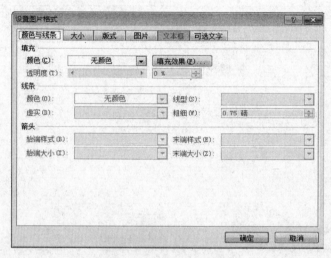

图5-8　设置图片格式的"颜色与线条"对话框

大小：在选定图形后，在其边界会出现控制点，通过设置"高度"、"宽度"、"缩放"等参数可以精确设置图片的大小，如图5-9所示。

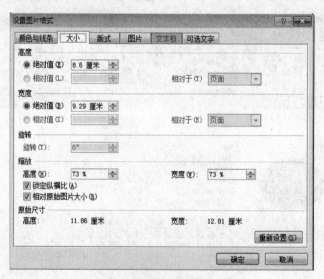

图5-9　设置图片格式的"大小"选项卡

版式：可以设置文字环绕图片的方式和图片水平对齐方式，系统默认的是"嵌入式"，此时图片的尺寸控制点是黑色。如果选择其他类型，可以单击"环绕图形"下的"小狗"图像，选择所需方式，点击"确定"按钮，如图5-10所示。

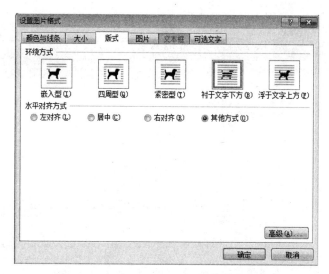

图 5-10 设置图片格式的"版式"选项卡

图片：在"图片"选项卡中，"剪裁"用于裁去图片的 4 边，"图像"控制用于设置图片的颜色、亮度、对比度等，如图 5-11 所示。

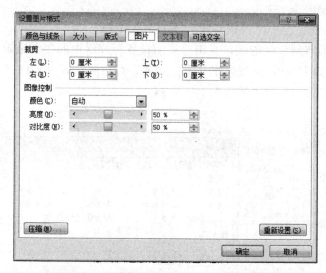

图 5-11 设置图片格式的"图片"选项卡

3. 内容设计与情报收集

Word 不但能处理文字和表格，还可以在文字中插入图片、艺术字，进行图文混合处理。本次任务的内容为录入一封家书，主要介绍图片、艺术字的添加和设置。在此之前需要准备相应的文字和图片内容。

4. 具体操作步骤

（1）开机进入操作系统平台之后，开启" Microsoft Word 2010"。在左上角的"文件"功能区中选择"另存为"按钮，弹出"另存为"对话框，将文件命名为"给爸爸妈妈的一封信"，并将其保存到桌面以自己名字命名的文件夹中，如图 5-12 所示。

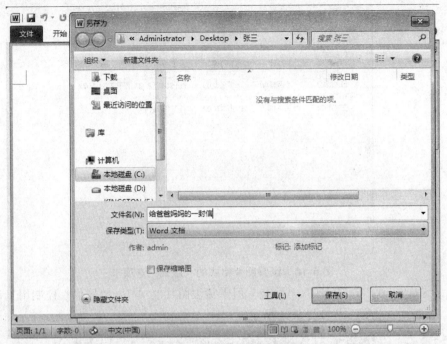

图 5-12 "另存为"对话框

（2）切换"页面布局"功能区，点击"页面设置"分组中的"页边距"按钮，在下拉菜单中选择"自定义边距"后，系统弹出"页面设置"对话框。如图 5-13 所示，在"页边距"选项卡中设置"纸张方向"为"横向"。

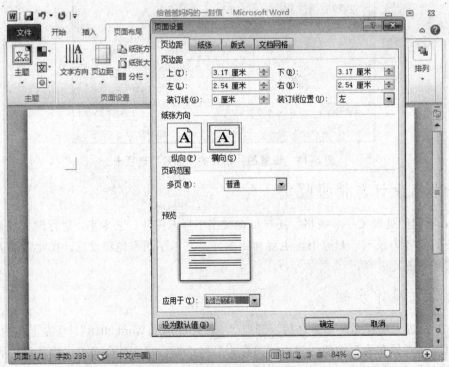

图 5-13 页面设置对话框

（3）在"纸张"选项卡中选择自定义纸张大小，如图 5-14 所示。

图 5-14 纸张设置

（4）在文档编辑区内，使用自己熟悉的输入法，录入"给爸爸妈妈的一封信"相应的文字内容，如图 5-15 所示。

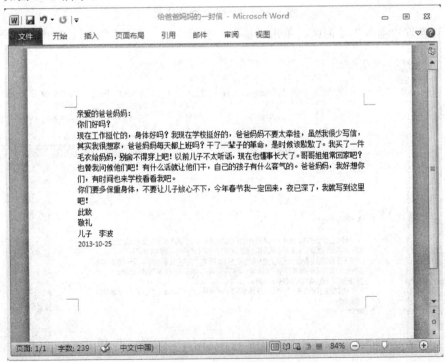

图 5-15 Word 文字录入

（5）"Ctrl+A"组合键选中所有文字，切换到"开始"功能区，使用相应快捷按钮设置文字格式为："宋体"、"五号"、"首行缩进 2 个字符"，最后利用空格键调整最后三行的内容，如图 5-16 所示。

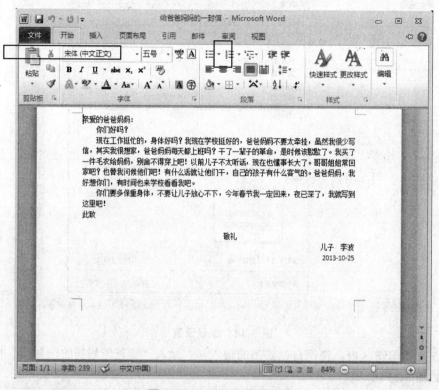

图 5-16 Word 文字格式化

（6）切换到"插入"功能区，单击"插图"分组中的"图片"按钮，如图 5-17 所示。

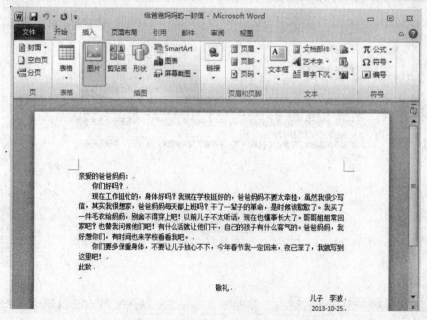

图 5-17 插入"图片"

（7）在弹出的"插入图片"对话框中选择所需图片，点击"插入"按钮将图片插入到光标所在的位置，如图 5-18 所示。

图 5-18 "插入图片"对话框

（8）单击选中所插入的图片，切换到"格式"功能区，点击"排列"分组中的"自动换行"按钮，在弹出的下拉菜单中设置图片放置方式为"衬于文字下方"，如图 5-19 所示。

图 5-19 设置图片放置方式

（9）继续选中所插入的图片，将鼠标移动到图片右下角，当鼠标指针变为双箭头时，向右下拖动鼠标改变图片大小，如图 5-20 所示，通过多次调整使图片铺满整个纸张。

图 5-20   改变图片大小

（10）继续选中所插入的图片右击鼠标，在弹出的快捷菜单中选择"设置图片格式"，如图 5-21 所示。

图 5-21   选中图片后的右键菜单

（11）在弹出的"设置图片格式"对话框中选择左侧的"图片更正"选项，设置"锐化和柔化"值为"25%"，"亮度"值为"24%"，如图5-22所示。设置完成后，点击"关闭"按钮确定退出。

图5-22　设置图片格式

（12）切换到"插入"功能区，在"文本"分组中选择"艺术字"按钮，在下拉菜单中选择第四行第一列的艺术字插入，如图5-23所示。

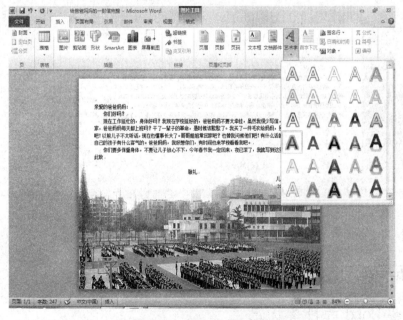

图5-23　插入艺术字菜单

（13）在弹出的"艺术字"编辑框中输入"风雨操场"，如图5-24所示。

图 5-24　插入、编辑艺术字

（14）选中艺术字拖动到合适的位置后，在"格式"功能区的"排列"分组中点击"自动换行"按钮，在弹出的下拉菜单中设置艺术字放置方式为"浮于文字上方"，如图 5-25 所示。设置完成后，单击标题栏的"保存"按钮 ![保存] 即可保存退出。

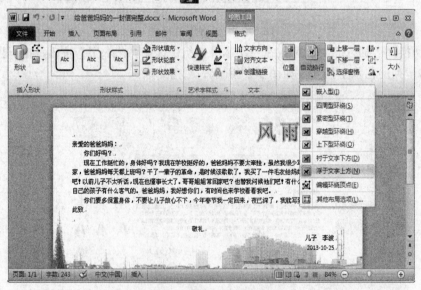

图 5-25　"自动换行"组设置

到此，本次任务的内容操作部分讲解完毕。

四、拓展练习

1. 隐藏 Word 的段落标记

在实际工作中，"段落标记"的出现有时会影响操作，如阅读和截屏的时候，通过以下方法可以将其隐藏：打开 Word 2010 文档，单击"文件"功能区的"选项"按钮，在弹出的"Word 选项"对话框中，选择右侧的"显示"选项卡，如图 5-26 所示。在右侧"始终在屏幕上显示这些格式标记"中的"段落标记"前勾选复选框，点击"确定"按钮即可。

图 5-26　显示选项卡

温馨提示　另外一种简单的方法是在"开始"功能区中的"段落"分组中单击"显示/隐藏编辑标记"，可以对显示或隐藏"段落标记"进行切换。设置完"段落标记"后，在切换到任意功能区中单击任何一个分组和其中的一个按钮后，其展示的功能区也会发生相应的改变。

练习 1. 试通过上述方法设置 Word 的"段落标记"。

练习 2. 利用本次任务所学，制作一张包含文字、图片、艺术字的请柬，如图 5-27 所示。

图 5-27　请柬的最终效果

任务六 充实生活每一天

一、知识结构

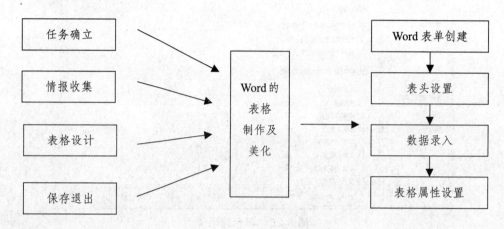

图 6-0 本任务内容结构

二、任务内容

本次任务为通过 Word 创建一个完整的课程表，图 6-1 即为该内容的效果展示。

课程表

课 程 星期 时间		星期一	星期二	星期三	星期四	星期五
上午	1	工程识图	数学	工程测量	公路工程基础	CAD
	2	工程识图	数学	工程测量	公路工程基础	CAD
	3	CAD	计算机基础	英语	体育	普通话
	4	CAD	计算机基础	英语	体育	法律基础
下午	5	体育	公路工程基础	自习	工程识图	工程测量
	6	邓小平理论	公路工程基础	自习	工程识图	工程测量

图 6-1 任务六效果展示图

三、操作演示

表格是一种制作文档简明扼要的方式，它以行和列的形式组织信息，行和列交叉的部分叫作单元格，效果直观，使用表格可以制作出成绩单、日程安排、课程表等各种形式，而 Word 文档就提供了较强的表格处理功能。

1. Word 制作表格

在 Word 中，制作表格有多种方法：

（1）自动创建表格法：在 Word 文档中将鼠标定位到需要插入表格的地方，然后点击"插入"功能区"表格"分组中的"表格"按钮，选择下拉菜单中的"插入表格"，利用"插入表格"对话框制作表格，如图 6-2 所示。

（2）手动创建表格法：在 Word 文档中将鼠标定位到需要插入表格的地方，然后点击"插入"功能区"表格"分组中的"表格"按钮，利用下拉菜单中的"绘制表格"按钮（对于不规则表）手动绘制，如图 6-3 所示。

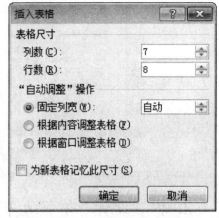

图 6-2　插入表格对话框

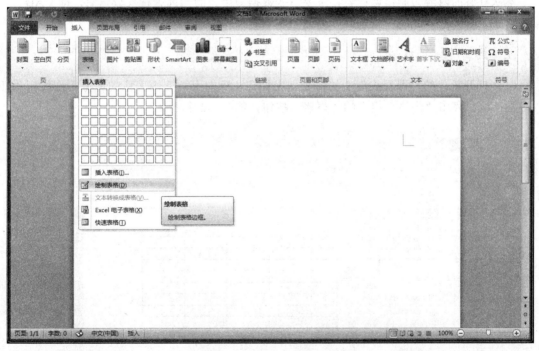

图 6-3　"绘制表格"按钮

（3）自动套用格式创建表格法：在 Word 文档中将鼠标定位到需要插入表格的地方，然后点击"插入"功能区"表格"分组中的"表格"按钮，利用下拉菜单中的"快速表格"按钮，用自动套用格式制作表格，如图 6-4 所示。

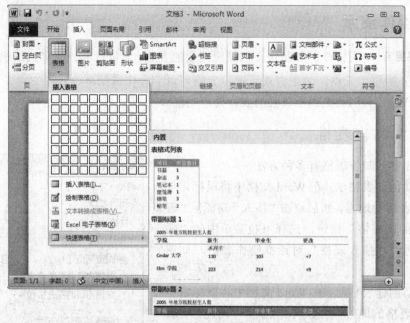

图 6-4 "快速表格"创建

2. 内容设计与情报收集

本次任务的内容为制作课程表，主要录入数据为个人的一周课程安排信息，即 CAD、工程识图、工程测量、公路工程基础、英语、数学等课程。

3. 具体操作步骤

（1）打开新建的"课程表"文档，先把光标定位到左上角要画表格的地方，切换到"插入"功能区，点击"表格"组中的"表格"按钮，如图 6-5 所示。

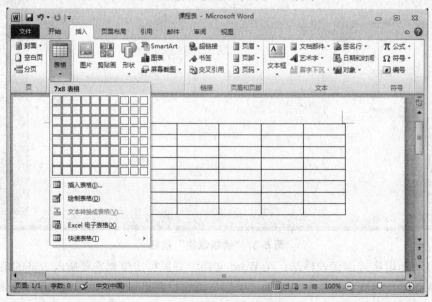

图 6-5 插入表格示意图

（2）利用手动创建表格法，鼠标左键在示意图中拖动到"7×8表格"时释放开，在光标处出现一个8行7列的空表格，如图6-6所示。

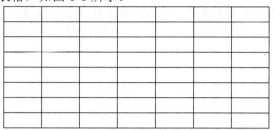

图6-6　"7列8行"空表格

（3）将鼠标放置到框线上，当鼠标变成上下或左右双箭头时调整表格的宽度和高度，然后选中要合并的单元格，右击鼠标，在下拉菜单中选择"合并单元格"，如图6-7所示。

图6-7　合并单元格按钮

🐞温馨提示　　在制作表格时，可以利用"布局"和"设计"选项卡中的相关按钮对表格进行格式化，如图6-8所示。

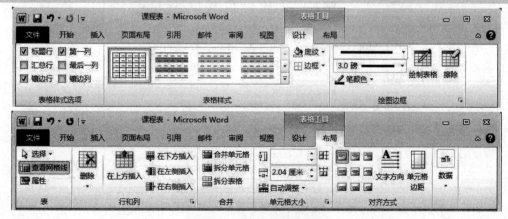

图6-8　表格和边框工具条

（4）将光标定位在第一个单元格，在"插入"功能区中单击"形状"组的"形状"按钮 ，选择"线条"，绘制斜线，如图6-9所示。将字号选择"小五"，最后点击"确定"按钮。

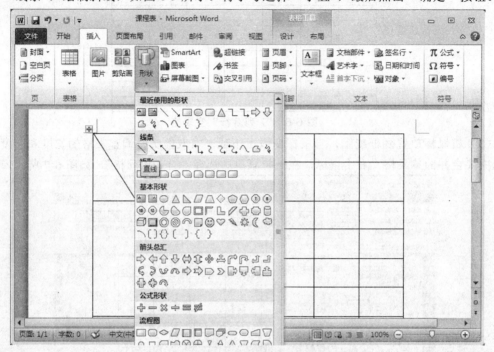

图6-9 "绘制斜线表头"对话框

🐱温馨提示　　在 Word 中，也可以通过以下两种方法手动绘制斜线表头：

① 单击"表格"组中的"绘制表格"按钮，用笔形工具从单元格的左上角拖动到单元格的右下角，即可绘出斜线。

② 选定要绘制斜线的单元格，单击鼠标右键，找到"边框和底纹"，点击出现对话框，如图6-10所示，在对话框中单击预览区周围的斜线按钮绘制出斜线。

图6-10 "边框和底纹"选项卡

（5）在相应的单元格中录入之前收集好的数据信息，如图6-11所示。

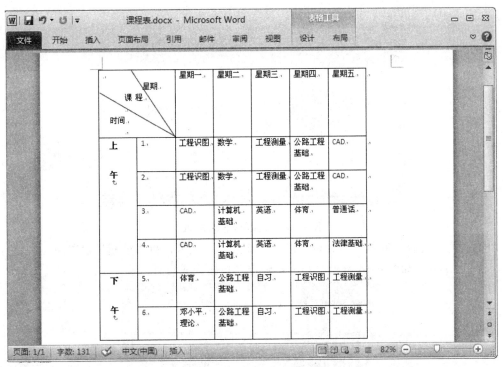

图 6-11　录入数据效果图

（6）选中"周次"和"课程"部分的内容，切换到"布局"功能区，单击"对齐方式"组中的"水平居中"按钮设置单元格的对齐方式，如图 6-12 所示。

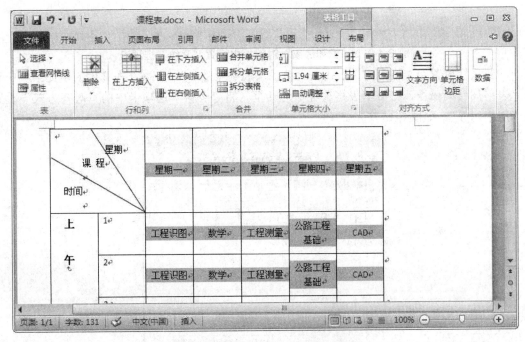

图 6-12　数据对齐方式调整效果图

（7）选中表格的表头部分，右击鼠标，在弹出的快捷菜单中选择"边框和底纹"命令，如图 6-13 所示。

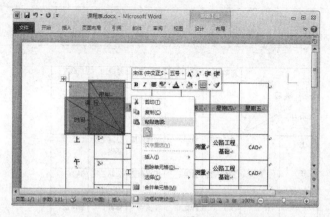

图 6-13　边框和底纹按钮

（8）打开"边框和底纹"对话框，单击"底纹"选项卡，将"填充"设置为 "白色，背景 1，深色 15%"，如图 6-14 所示，点击"确定"按钮完成设置。

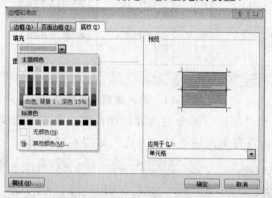

图 6-14　"边框和底纹"对话框中设置"底纹"选项卡

（9）鼠标放置在表格上方，右击左上角的"表格全选"按钮 ⊞，在弹出的快捷菜单中选择"表格属性"命令，打开"表格属性"对话框，将"表格"选项卡中的"对齐方式"设置为"居中对齐"，如图 6-15 所示。

图 6-15　"表格属性"对话框

（10）点击"确定"按钮，完成设置后的效果如图 6-16 所示。单击标题栏的"保存"按钮 ▣ 即可保存退出。

图 6-16 表格制作的最后结果

到此，本次任务的内容操作部分讲解完毕。

四、拓展练习

1. 表格自动套用格式设置

制作美化表格，还可以选择"表格自动套用格式"，设置时切换到"设计"功能区，在"表格样式"组中选取符合要求的表格样式即可，如图 6-17 所示。

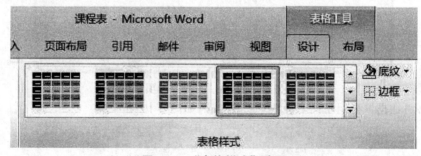

图 6-17 "表格样式"选项

练习 1. 试利用表格自动套用格式设置自己喜欢的表格样式。

2. 禁止跨页断行

大型表格必须在分页符处被分割，如果分页符拆分了表格中的单独一行，对于新的一页上位于该行的其他各行，Word 有时候会在状态栏中显示不正确行号。如果需要准确的行号，可以禁止表格跨页断行，方法是：鼠标放置在表格上方，右击左上角的"表格全选"按钮 ⊞，在弹出的快捷菜单中选择"表格属性"命令，在"行"选项卡中清除"允许跨行断行"复选框，然后单击"确定"按钮。

通常的 word 表格中单元格之间都是相互连在一起的，但在现实生活中常常需要一些不连在一起的表格，要求表格的单元格之间能保持适当的距离，比如"座次表"，制作方法如下：

① 按照常规的方法插入表格，输入相关内容。

② 将鼠标定位于表格中的任意单元格，右击鼠标，在弹出的快捷菜单中选择"表格属性"命令，打开"表格属性"对话框。在"表格"选项卡中点击"选项"按钮，并在出现的"表格选项"对话框中选中"允许调整单元格间距"复选框。

③ 利用其右侧的微调按钮设置一个合适的距离，单击"确定"按钮之后就能得到相互之间保持间距的座次表。

练习2. 试利用以上方法制作一张学生座次表。

3. 表格中的相关计算

在使用 Word 2010 制作和编辑表格时，如果需要对表格中的数据进行计算，则可以使用公式和函数两种方法。

（1）公式计算：

① 打开 Word 2010 文档，单击准备存放计算结果的表格单元格，进入"布局"功能区，如图 6-18 所示。

图 6-18 表格"布局"选项卡

② 单击"数据"分组中的"公式"按钮 *fx*，如图 6-19 所示。

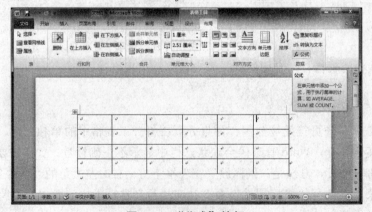

图 6-19 "公式"按钮

③ 在"公式"对话框中的"公式"编辑框中输入相应的公式，如"=10*8"，如图 6-20 所示。

图 6-20　公式编辑框

④ 单击"确定"按钮即可在当前单元格得到计算结果，如图 6-21 所示。

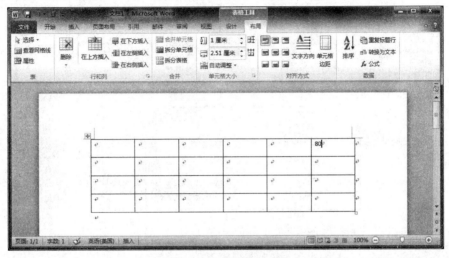

图 6-21　计算结果展示

（2）函数计算：

① 打开 Word 2010 文档，单击表格中临近数据的左右或上下单元格，如图 6-22 所示。

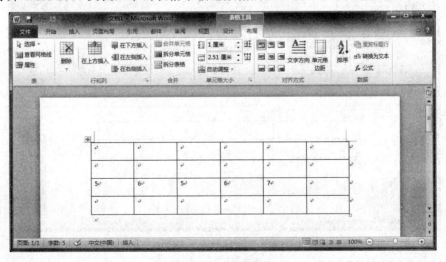

图 6-22　计算表格

② 在"布局"功能区中单击"数据"组中的"公式"按钮，弹出"公式"对话框，单击"粘贴函数"下三角按钮，如图 6-23 所示。

图 6-23　公式编辑框

③ 在函数列表中选择需要的函数，例如选择求和函数 SUM 计算所有数据的和，或者选择平均数函数 AVERAGE 计算所有数据的平均数，如图 6-24 所示。

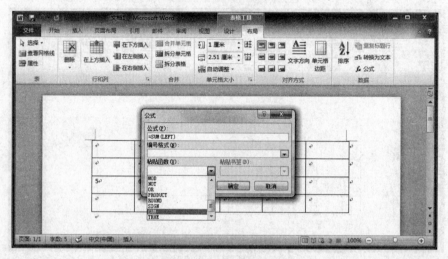

图 6-24　粘贴函数选择

④ 单击"确定"按钮即可得到计算结果，如图 6-25 所示。

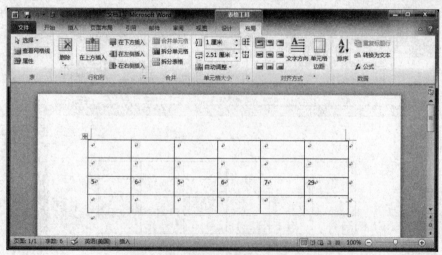

图 6-25　计算结果展示

练习 3. 试利用 Word 制作一个数据表，并在表格中利用公式或函数计算出结果。

任务七 校报编排我也会

一、知识结构

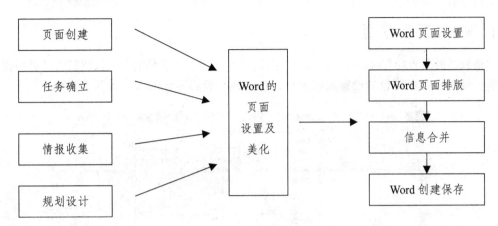

图 7-0 本任务内容结构

二、任务内容

本次任务为通过 Word 页面设置，创建一期校报，图 7-1 即为该内容的效果展示。

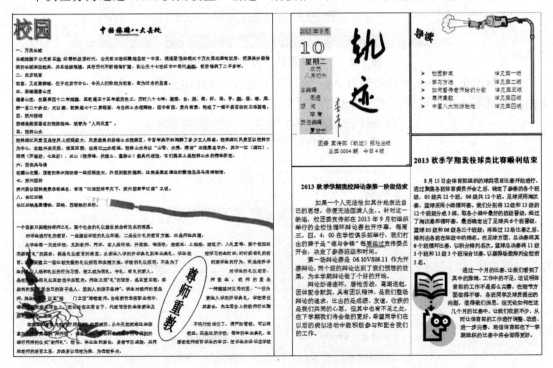

图 7-1 任务七效果示意图

三、操作演示

页面格式同字符格式和段落格式一样，影响着文档的美观，准确、规范地设定页面格式能使文档漂亮、整洁。

1. Word 页面设置

切换到"页面布局"功能区，点击"页面设置"分组中右下角的 按钮打开"页面设置"对话框。页面设置主要包括设置纸张大小、页边距、版式等选项卡，如图 7-2 所示。

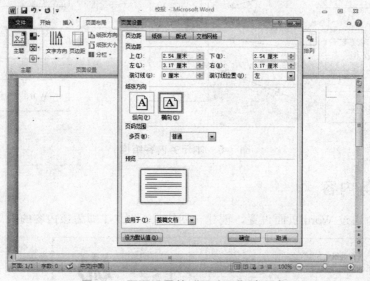

图 7-2　页面设置的"页边距"选项卡

默认情况下，Word 中的纸型为 A4，如图 7-3 所示。在打印文档时，设置的纸型与打印机中的打印纸要一致，否则就达不到想要的效果。

图 7-3　页面设置的"纸张"选项卡

2．内容设计与情报收集

本次任务的内容为创办一期校报，主要录入信息为一些校园新闻、一些感兴趣的文章和配合的相关图片等。确认这些信息后，就可以通过下面的步骤完成本次的"校报"任务。

3．具体操作步骤

（1）在桌面上以自己名字命名的文件夹中创建一个空白的 Word 文档，重命名为"校报"。切换"页面布局"功能区，点击"页面设置"组中的"页边距"按钮，在下拉菜单中选择"自定义边距"打开"页面设置"对话框。将"纸张"选项卡中的"纸张大小"设置为"A3"，将"页边距"选项卡中"纸张方向"设置为"横向"，"页边距"上下为 3.17 厘米，左右为 2.54 厘米，如图 7-4 所示。单击"确定"按钮完成页面设置。

图 7-4　页面设置的"页边距"选项卡

（2）切换"插入"功能区，单击"文本"组中的"文本框"按钮，在下拉菜单中选择"绘制文本框"按钮，光标变成十字形，按住鼠标左键并拖动到合适的位置释放，如图 7-5 所示。

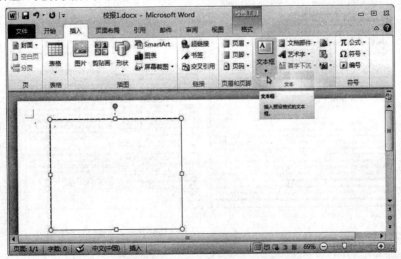

图 7-5　单击"文本框"按钮

（3）继续点击"绘制文本框"按钮绘制多个文本框，如图7-6所示。

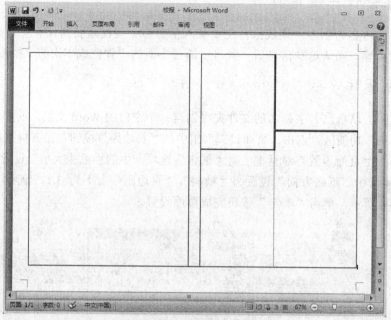

图7-6　文本框排版示意图

温馨提示　仿照报刊设计版面，需要设置很多特殊排列方式，在 Word 中只有文本框能够做到，而文本框作为存放文本的"容器"，可放置在页面的任意位置并能任意调整大小。如果要删除一个文本框，只要选中文本框，按下"Delete"键即可。

（4）录入之前收集好的数据信息到各文本框，适当调整格式，如图7-7所示。

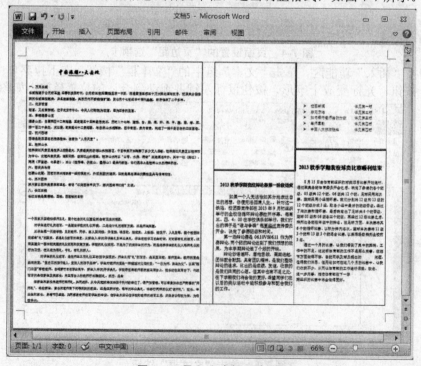

图7-7　录入文本框示意图

（5）切换"插入"功能区，添加图片、艺术字美化版面，并根据需要做相应的设置，如图 7-8 所示。

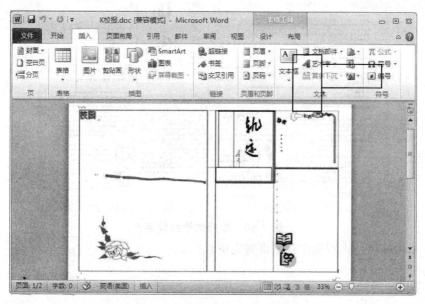

图 7-8　图片、艺术字添加示意图

温馨提示　如果在文档中同时插入文本框、图片、艺术字等，则需要处理它们之间的叠放次序。具体方法是：右击文本框阴影边框，在弹出的快捷菜单中单击"叠放次序"命令便可以选择它们之间的叠放层次。

（6）给需要突出的文字加上底纹：选择需要操作的文字，切换到"开始"功能区后单击"字体"分组中的"底纹"按钮 **A**，即可设置出默认的底纹效果，如图 7-9 所示。

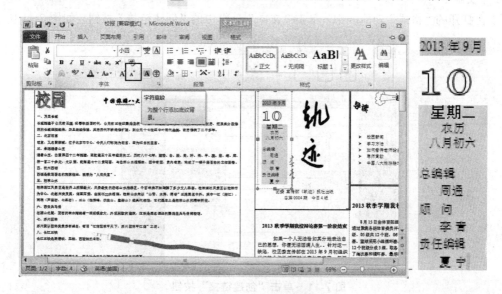

图 7-9　字符底纹添加

（7）设置完成后，达到如图 7-10 所示的效果，单击标题栏的"保存"按钮即可保存退出。

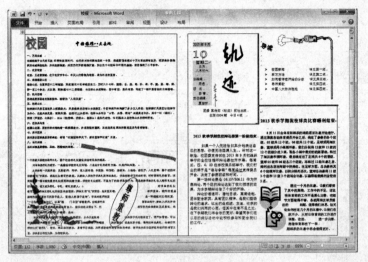

图 7-10　校报的最终效果

到此，本次任务的内容操作部分讲解完毕。

四、拓展练习

1. 文本框间创建链接

在使用 Word 2010 制作报刊、宣传册等文档时，往往会使用多个文本框进行版式设计。通过在多个 Word 2010 文本框之间创建链接，可以在当前文本框中充满文字后自动转入所链接的下一个文本框中继续输入文字。在 Word 2010 中链接多个文本框的步骤如下：

① 打开 Word 2010 文档窗口，并插入多个文本框。调整文本框的位置和尺寸，并单击选中第 1 个文框。

② 在打开的"格式"功能区中，单击"文本"分组中的"创建链接"按钮，如图 7-11 所示。

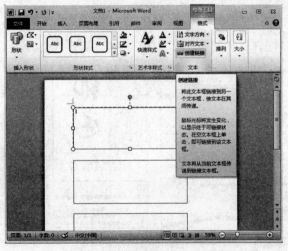

图 7-11　单击"创建链接"按钮

③ 鼠标指针变成水杯形状，将水杯状的鼠标指针移动到准备链接的下一个文本框内部，鼠标指针随即变成倾斜的水杯形状，单击鼠标左键即可创建链接。

④ 重复上述步骤可以将第 2 个文本框链接到第 3 个文本框。依此类推，可以在多个文本框之间创建链接。

① 链接的文本框必须是空白文本框，如果被链接的文本框为非空白文本框将无法创建。

② 需要创建链接的两个文本框应用了不同的文字方向设置，系统将提示用户后面的文本框将与前面的文本框保持一致的文字方向。如果前面的文本框尚未充满文字，则后面的文本框将无法直接输入文字。

练习 1. 试根据上面介绍的方法设置文本框的链接。

2. 打印机分类及共享设置

用 Word 创建的文档如报刊、简历等，不是每个人都能随时用电脑查询或看到，所以需要把它们打印出来传到更多需要的人手里，为此需要打印机。它是将计算机的运算结果或中间结果以及人所能识别的数字、字母、符号和图形等，依照规定的格式印在纸上的设备。

按照打印机的工作原理，将打印机分为击打式和非击打式两大类；按照工作方式分为点阵打印机、针式打印机、喷墨式打印机、激光打印机等。针式打印机通过打印机和纸张的物理接触来打印字符图形，而后两种是通过喷射墨粉来印刷字符图形的。

常用的打印机著名品牌有：HP（惠普）、Epson（爱普生）、Canon（佳能）、Brother（兄弟）、lenovo（联想）、Samsung（三星）等。

让运行 Windows 7 的计算机使用一个共享的打印机，可以使所有的家庭网络用户都用到打印功能。设置网络共享的具体步骤如下：

首先进入网络和共享中心的"选择家庭组和共享选项"，如图 7-12 所示。

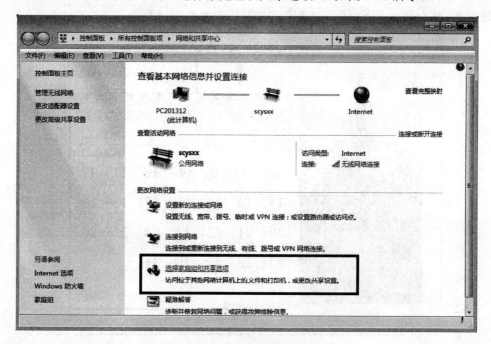

图 7-12 网络和共享中心对话框

然后在打印机图标上右击鼠标选择"打印机属性",如图 7-13 所示。

图 7-13　设备和打印机设置对话框

最后在"共享"中勾选"共享这台打印机",点击"确定"按钮完成设置。

如果使用的操作系统是除 Windows7 以外的其他操作系统,安装打印机的过程中有可能要选择安装驱动程序,可以从打印机光盘或网络中查找。

练习 2. 试通过以上方法设置共享打印机。

练习 3. 综合利用前面所学方法制作一张日历,如图 7-14 所示。

图 7-14　日历制作实例

任务八　校园网络新闻我参编

一、知识结构

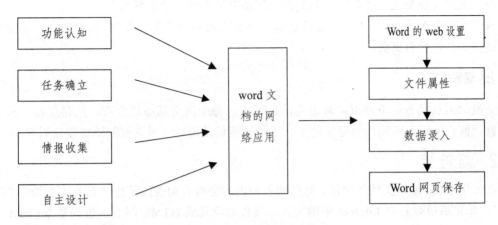

图 8-0　本任务内容结构

二、任务内容

本次任务为通过 Word 创建一个简单的 Web 新闻页面，如图 8-1 即为该内容的效果展示。

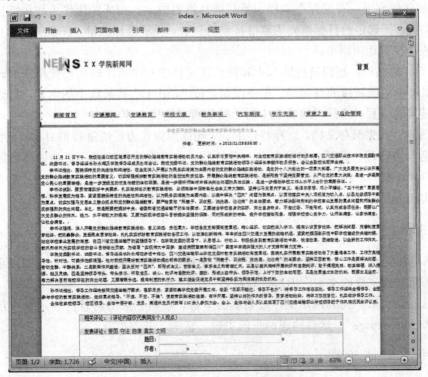

图 8-1　任务八效果示意图

三、操作演示

1. 网页介绍

在网上浏览共享资源时，用浏览器看到的网页文件的内容叫做网页或页面。也就是说，网页是能够被浏览器软件识别的文件。

按网页的表现形式，可将网页划分为"静态网页"和"动态网页"。

网页有主页和内页，"主页"是指进入一个站点时看到的第一张页面，"内页"是指与主页相链接的其他所有页面。

> **温馨提示**
>
> 一般的网页具有以下特点：标题简洁、明确；每个网页都布局合理，风格保持一致的展现主题。网页中插入的图片要尽量的小，引用的资料及商标（或图标）不能侵犯版权。

2. 超链接

在使用 Word 编辑文档的时候，有些输入的内容会被自动变成蓝色的带有下划线的"超级链接"，单击后可以转向 Internet 中的文件、文件的位置或 HTML 网页，也或是 Intranet 上的 HTML 网页；还可以转到新闻组或 Gopher、Telnet 和 FTP 站点。在浏览网页的时候，光标停留在某些文字或图像上时会显示为手的形状，这些文字或图像也是超链接，又叫做热点或热区，表示单击该处，可以转入到该提示所指的网页。

在一个 Word 文档中创建超级链接，实现阅读中的跳转，有 3 种方法可以选择：

① 拖放式编辑法：首先保存文档，然后选择特定的词、句或图像作为超级链接的目标，按下鼠标右键，把选定的目标拖到需要链接到的位置，释放鼠标按键，在快捷菜单中选择"在此创建超级链接"选项即可。

② 拷贝、粘贴法：超级链接的起点和终点在文档中有时相距较远，使用拖放式编辑很不方便。可以选中超级链接的目标词、句或图像，按"Ctrl+C"拷贝选中的内容，把光标移动到需要加入链接的位置，选择"编辑"中的"粘贴为超链接"即可。

③ 书签法：首先保存文档，选择特定的词、句或图像作为超级链接的目标，选择"插入"、"书签"，插入书签时，需要为书签命名。命名后单击"添加"按钮，把光标移到需要添加超级链接的位置，选择"插入"、"超级链接"，在"编辑超链接"对话框中单击"书签"按钮，并在"在文档中选择位置"对话框中选择特定的书签，单击"确定"按钮即可。

3. 内容设计与情报收集

本任务目的是制作一张内页，涉及在 Word 中进行文档排版，创建简单新闻网页，主要录入的数据为新闻所需要的文字、图片、表格等。

确认这些信息后，先到网站上寻找需要的素材，收集相关的信息内容，设置自己的资料夹，命名为"homepage"，然后构思网页的主题、格局、基调色等。

4. 具体操作步骤

（1）打开桌面上以自己的名字命名的文件夹，在空白处右击鼠标新建文件夹，重命名为

"homepage"，如图 8-2 所示。

图 8-2 新建"homepage"文件夹

（2）在"homepage"文件夹中创建 Word 空白文档并重命名为"index"，如图 8-3 所示。

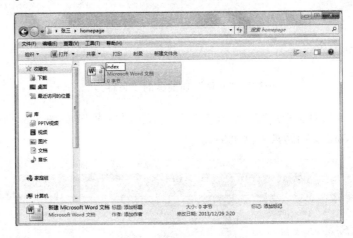

图 8-3 新建 Word 文档

（3）双击打开"index"文档，将收集好的数据信息录入页面中，切换到"插入"功能区，进行图片、艺术字的添加，并将文字排版，如图 8-4 所示。

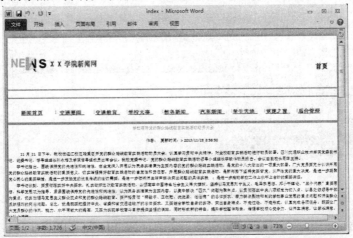

图 8-4 数据录入的效果图

（4）切换"文件"功能区，选择"另存为"，如图 8-5 所示。

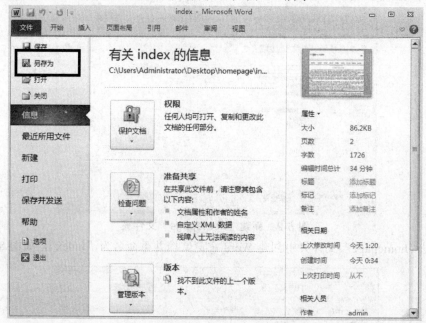

图 8-5 "文件"功能区的"另存为"

（5）在"另存为"对话框中将"保存类型"设置为"网页"，如图 8-6 所示。点击"确定"按钮，将创建的 Word 文档转换为网页格式。

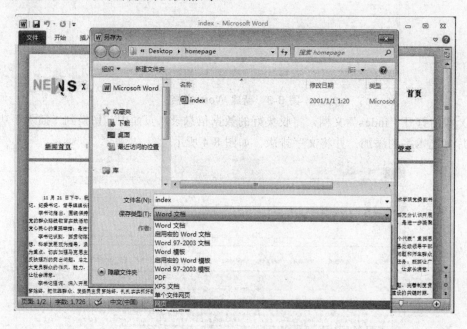

图 8-6 "另存为网页"编辑框

（6）打开"homepage"文件夹，里面多出了"index.files"文件夹和"index.mht"文件，如图 8-7 所示。

图 8-7 打开 "homepage" 文件夹的结果

温馨提示 网页文件的文件名一般为英文名，首页一般命名为 "index"。

网页设计的标准尺寸：

① 800*600 下，网页宽度保持在 778 以内，就不会出现水平滚动条，高度则视版面和内容决定。

② 1024*768 下，网页宽度保持在 1002 以内，如果满框显示的话，高度是 612～615 之间，就不会出现水平滚动条和垂直滚动条。

③ 在 Photoshop 软件里面做网页可以在 800*600 状态下显示全屏，页面的下方又不会出现滑动条，尺寸为 740*560 左右。

（7）用同样的方法做出另一个网页 "abc.mht"，然后打开 "index.docx" 文档，选中需要做链接的文字，在右键快捷菜单中选择 "超链接"，如图 8-8 所示。

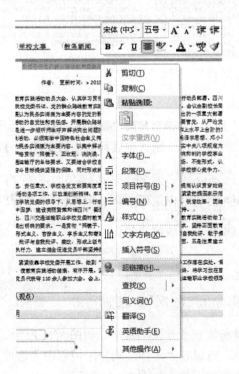

图 8-8 右键菜单中的 "超链接"

（8）在"插入超链接"对话框中设置链接到"abc.mht"，如图 8-9 所示。

图 8-9 "插入超链接"对话框设置

温馨提示 如果要链接到"因特网"中的网页，可以直接在"地址"后面输入目的地的"网址"，然后点击"确定"按钮，如图 8-10 所示。

图 8-10 超链接到"因特网"中的网页

（9）完成链接后，开启网页文件，测试将鼠标移至该文字上方看是否有手型的符号出现，点击该链接看是否能进入"abc.mht"。

温馨提示 "abc.mht"页面内最好制作一个按钮可以链接回到首页（index.mht）。

到此，本次任务的内容操作部分讲解完毕。

四、拓展练习

1. 利用 Web 工具箱完善网页界面

Word 2010 将 Web 工具箱放到了开发工具下，如图 8-11 所示。

如果没有发现开发工具，可以在"文件"功能区中点击"选项"，选择"自定义功能区"，在右边的"开发工具"复选框打上勾，如图 8-12 所示。

图 8-11　Web 工具箱

图 8-12　Word 2010 的"Web 工具箱"

"Web 工具箱"的作用可以添加声音、图片、滚动文字等，点击相应图标即可操作，如图 8-13 所示。

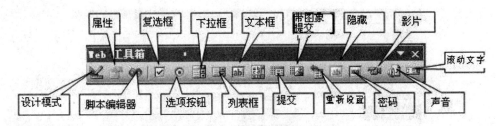

如图 8-13　Web 工具箱按钮介绍

练习 1. 试通过"Web 工具箱"完善网页界面。

2. IE 浏览器介绍

浏览器是专门用于浏览网页的软件，当连通 Internet，启动计算机中的浏览器后，浏览器就会按照地址栏中的地址找到网页文件并显示在屏幕上。

当今时代有各式各样的浏览器，如：火狐、360、Maxthon（前身为 MYIE）、GreenBrowser、TouchNet Browser、腾讯 TT、MXIE、GoSuRF 等。Windows 7 自带的 Internet Explorer 是主流

浏览器之一，简称 IE 或 MSIE。

练习 2. 试通过超链接打开浏览器，熟悉浏览器的简单操作。

3. Word 网页创建方法补充

方法一：由已有的 Microsoft Word 文档创建网页。具体步骤是：设置在"文件"功能区中，单击"新建"命令，在"可用模板"任务窗格中单击"根据现有内容新建"，选择新建网页所要依据的文档，并单击"创建"按钮，如图 8-14 所示。

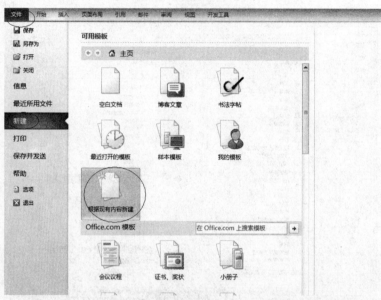

图 8-14 "根据现有文档新建"选项卡

方法二：基于模板创建网页。具体步骤是：设置在"文件"功能区中，单击"新建"命令，在"可用模板"任务窗格中单击"样本模板"，在"常规"选项卡上双击"网页"模板，如图 8-15 所示。

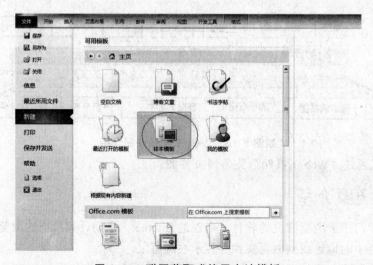

图 8-15 联网获取或使用本地模板

练习 3. 试练习用上面介绍的方法创建 Word 网页。

任务九　自荐书 DIY

一、知识结构

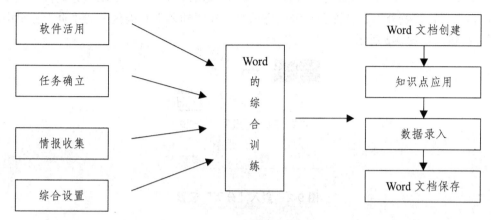

图 9-0　本任务内容结构

二、任务内容

本次任务为 Word 的综合应用，目的在于通过一份 DIY 自荐书的制作，熟练灵活地使用 Word 的各项功能，最终效果如图 9-1 所示。

图 9-1　任务九效果示意图

三、操作演示

1. 分页符

分页符是 Word 中分页的一种符号，表示上一页结束以及下一页开始的位置。Microsoft Word 可插入一个"自动"分页符（或软分页符），或者通过插入"手动"分页符（或硬分页符）在指定位置强制分页。设置分页符的方法是：在"插入"功能区中的"页"分组中点击"分页"按钮，如图 9-2 所示。

图 9-2 插入"分页"设置

2. Word 中的 office.com 模板

在打开 Word 文档中点击"文件"功能区中的"新建"，窗口右侧便会显示和"新建"相关的内容，右方的"office.com 模板"区是通过在 office.com 上搜索各种类型的模板来提供给用户使用，如图 9-3 所示。在其中可以找到"简历"模板，下载下来就可以轻松制作一份个人简历。

图 9-3 "office.com"模板

具体方法是：单击"简历"进入下一级，如图 9-4 所示。

根据需要选择"基本"或"针对特殊情况"文件夹，如图 9-5 所示。

图 9-4   简历模板   **图 9-5   简历模板类型**

将鼠标放到简历模板预览视图上时，右侧窗口便出现该简历模板的预览，如图 9-6 所示。选择合适的简历模板样式，在模板预览图下方单击"下载"按钮。

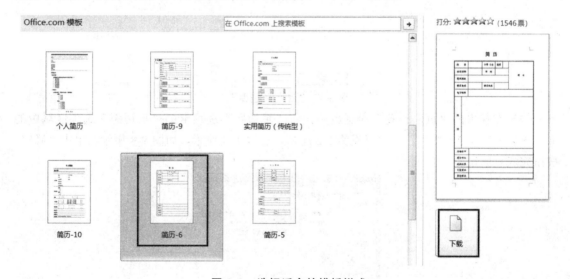

图 9-6   选择适合的模板样式

在弹出的下载对话框消失后，模板下载完毕，自动生成了一个包含刚下载简历的新文档。单击"保存"后就可以往简历里面填写信息了。若要获取其他更多的模板和向导，请访问 Microsoft Office Online 网站。

3. 内容设计与情报收集

本次任务的内容为制作个人履历表，需要使用简历模板，插入并设置剪贴画、艺术字和文本框，自己编辑自荐信输入等，主要录入数据为个人的基本常用信息，即"姓名"、"性别"、"QQ"、"EMAIL"、"手机"、"照片"等，确认这些信息后，就可以收集相关的内容了。

4．具体操作步骤

（1）新建一个 Word 文档，按"Ctrl+S"快捷键将其以"个人简历"的文件名保存到桌面以自己名字命名的文件夹中。找到"页面布局"功能区，在"页面设置"分组中单击"页边距"按钮，选择"自定义边距"，弹出"页面设置"对话框，如图 9-7 所示。

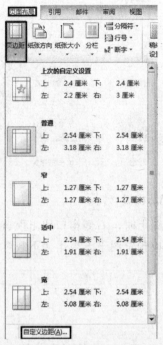

图 9-7 "自定义边距"

（2）在弹出的"页面设置"对话框中，将"页边距"选项卡的"页边距"选项区域中的上、下边距设为 2.4 厘米，左边距设为 2.2 厘米，右边距 3 厘米，如图 9-8 所示。单击"确定"按钮完成页面设置。

图 9-8 "页边距"选项卡

（3）在"插入"功能区中的"页"分组中点击两次"分页"按钮，如图 9-9 所示，创建出 3 张 Word 页面。

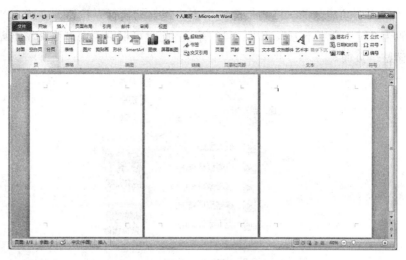

图 9-9　插入"分页"后的效果

（4）将光标定位到第一张页面的左上角，在"插入"功能区中的"插图"分组中选择"剪贴画"，如图 9-10 所示，界面右侧弹出剪贴画任务窗格。

图 9-10　插入"剪贴画"

（5）在任务窗格中点击"搜索"按钮，找到合适的图片后单击，将其插入到文档编辑区中，如图 9-11 所示。

图 9-11　剪贴画任务窗格

（6）在"格式"功能区的"排列"分组中点击"自动换行"按钮，在弹出的下拉菜单中将剪贴画设置为"衬于文字下方"，如图 9-12 所示。此时可根据页面纸张调整剪贴画大小及位置，使其铺满整个页面。

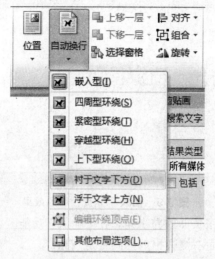

图 9-12　衬于文字下方

（7）在"插入"功能区的"文本"分组中单击"艺术字"按钮，并在弹出的下拉菜单中选择第三行第四个艺术字样式，插入到编辑区，如图 9-13 所示。

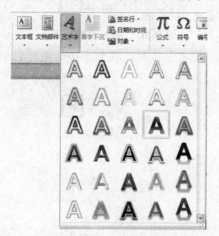

图 9-13　插入艺术字样式

（8）在页面艺术字编辑框内输入信息为"个人简历"，如图 9-14 所示。

图 9-14　艺术字编辑框中输入信息

（9）在"开始"功能区的"字体"分组设置艺术字字符格式：字号"80"，字型"加粗"，如图 9-15 所示。

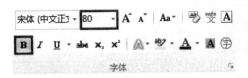

图 9-15　艺术字字符格式设置

（10）在"格式"功能区的"文本"分组中选择"文字方向"按钮，在下拉菜单中将艺术字方向设置为"垂直"，如图 9-16 所示。

图 9-16　设置艺术字方向

（11）当鼠标放置在艺术字编辑框的边框上时，指针变成朝四个方向的十字箭头形状，点击鼠标拖动艺术字编辑框，将其放置到页面右上角位置，如图 9-17 所示。

图 9-17　艺术字拖动后的效果图

（12）在"插入"功能区的"文本"分组中单击"文本框"按钮，在弹出的下拉菜单中选择"绘制文本框",如图 9-18 所示。

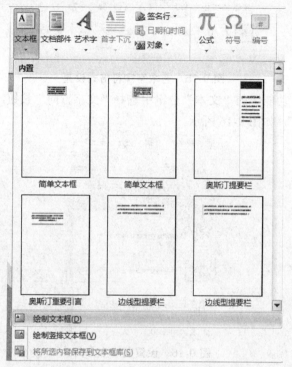

图 9-18 "绘制文本框"按钮

（13）将鼠标移动到文档编辑区中，指针呈"十"字形状，拖动鼠标绘制一个文本框，如图 9-19 所示。

图 9-19 绘制文本框

（14）在文本框中输入"姓名"、"毕业学校"、"毕业专业"和"联系方式"等信息，如图9-20所示。

图 9-20　输入内容

（15）在"开始"功能区的"字体"分组中，将文本框中的文字格式设置为字体"华文行楷"，字号"28"号，字型"加粗"，文本效果设置为第三行第一列样式，如图9-21所示。

图 9-21　设置文字样式

（16）在"格式"功能区的"形状样式"分组中，将文本框的"形状填充"和"形状轮廓"分别设置为"无填充颜色"和"无轮廓"，如图9-22所示。

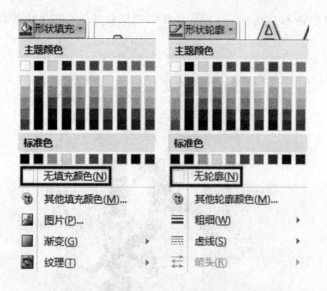

图 9-22　文本框的形状样式和形状轮廓设置

（17）适当调整文本框的大小和在页面中的位置，完成个人履历表的第一页封面的制作，效果如图 9-23 所示。

图 9-23　封面效果

（18）将光标定位到第二页编辑区，依次输入自荐信的标题、称呼、正文、祝语、落款等，并将标题设置为字体"黑体"、字号"一号"、字型"加粗"，正文部分设置为字体"宋体"、字号"小四"号，整篇文章"首行缩进"2 个字符，行距固定值"18 磅"，如图 9-24 所示。

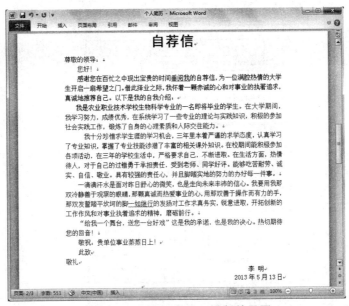

图 9-24　自荐信录入、排版效果图

（19）将光标定位到第三页的左上角，点击"文件"功能区中的"新建"，在右方的"office.com 模板"中单击"简历"进入下一级，并打开"基本"文件夹，选择"简历-6"，在模板预览图下方单击"下载"按钮，打开如图 9-25 所示的空白表格。

简　历

姓　　名		○男　○女	籍贯	
出生日期		学　历		照　片
通讯地址				
联系电话		联系传真		
电子邮件				
简 历				
外语水平				
爱好专长				
成就成果				
工资要求				
其它要求				

图 9-25　生成简历表格

（20）按"Ctrl+A"组合键全选表格，复制并粘贴到"个人简历"文档的第三页上，输入个人简历的相关内容，如图 9-26 所示。

简　历

姓　名	李明	男	籍贯	成都
出生日期	1992.5.11	学　历	中专	
通讯地址	成都市锦江区经天路			
联系电话	15821365487	联系传真		
电子邮件	12543658@qq.com			
简 历	2013-07-01 毕业学校：农业职业技术学校			
外语水平	会简单的读写			
爱好专长	看书、旅游			
成就成果				
工资要求	1800元/月			
其它要求				

图 9-26　输入完毕的简历表格

（21）找到一张照片图片通过右键菜单复制，粘贴在表格外的文字中，然后双击照片，设置图片版式为"浮于文字上方"，最后调整图片大小，移入单元格中，如图 9-27 所示。

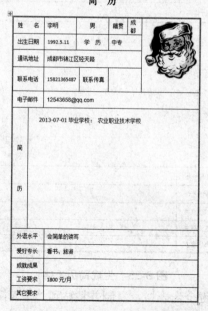

图 9-27　插入照片后的简历表格

100

到此，本次任务的内容操作部分讲解完毕。

四、拓展练习

毕业生在求职的时候，需要写履历表。一份完整的履历表分为封面，自荐信，个人简历，附件（包括毕业证书，获奖证书等相关复印件和文章复制件、需要附录说明的材料）。履历表写作虽有一定的自由度，但务必要注意文明礼貌、诚朴雅致，特别要注意突出才艺与专长的个体特征，展现经验、业绩和成果，精心设计，讲求格式美观、庄重秀美。以下是写履历表还要注意的问题：

① 求职信最好写给能做录用筛选和决定的人。这样，既能提高效率又能加大力度。因而，先行调查，了解公司是非常重要的。

② 求职信开头应能吸引读者的注意力。想尽一切办法，让求职信的第一句话就抓住阅读者，让他能认真地读你的简历。使对方感兴趣的金科玉律是：从对方的利益出发，为对方的利益服务。

③ 履历表切忌过长，应尽量浓缩在三页之内。最重要的是要有实质性、针对性的东西给用人单位看。

④ 要突出过去的成就。过去的成就是你能力的最有力的证据。把它们详细写出来，会有说服力。但必须实事求是，恰如其分地介绍自己的能力和特长，既不吹嘘也不贬低。

⑤ 和写自荐信不一样，个人简历资料不要密密麻麻地堆在一起，项目与项目之间应有一定的空位相隔，最好设置表格。

⑥ 个人简历资料必须是客观而实在的，千万不要吹牛，因为谎话一定会被识破。要本着诚实的态度，有多少写多少。

⑦ 选择照片，无论是免冠半身照还是全照，都要近期的，图像清晰、不失真，以便招聘单位目测。

练习 1. 试制作一份自己的求职履历。

Microsoft EXCEL 篇

任务十　我的社交朋友录

一、知识结构

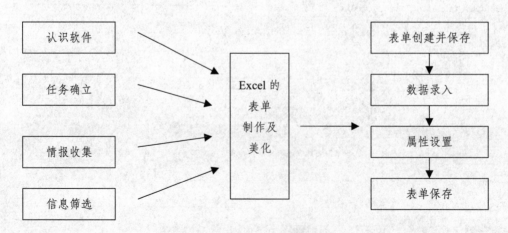

图 10-0　本任务内容结构

二、任务内容

本次任务为通过 Excel 创建一个简单的数据表格，记录个人的社交朋友名册，图 10-1 即为该内容的效果展示。

图 10-1　社交朋友录

三、操作演示

温馨提示　　Excel 是由 Microsoft 公司开发的 Office 办公软件的组件之一，主要应用于数据表格的制作与使用，具有制作表格、处理数据、分析数据、创建图表等功能，在电子表格处理方面应用广泛。

1. Excel 文档的创建

单击桌面窗口右下角的"开始"菜单，在"所有程序"中找到"Microsoft Office"文件夹，再单击展开栏中的"Microsoft Excel 2010"，如图 10-2 所示即可启动进入 Excel。

图 10-2　开始菜单中 Excel 的创建路径

开启 Excel 软件平台之后，Excel 应用程序窗口随即出现在屏幕上，同时 Excel 会自动创建一个名为"工作簿 1"的新文档，如图 10-3 所示。

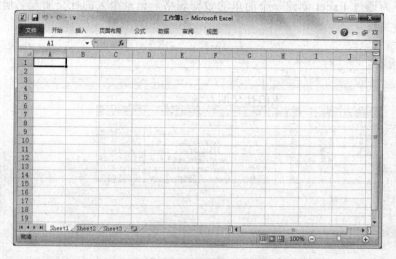

图 10-3　Excel 软件开启后的界面

2. Excel 文档界面的讲解

在开启空白表格以后，即可看到完整的文档界面，可以看出其中有很多对象与 word 的相同或相似，如图 10-4 所示。

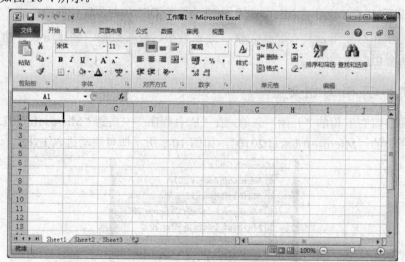

图 10-4　空白 Excel 表格

其中顶部仍为"功能区"，当单击这些名称时并不会打开菜单，而是切换到与之相对应的功能区，而每个功能区根据功能的不同又分为了若干个组。

在"功能区"的下方是固定的"名称框"和"编辑栏"。

在 Excel 窗口界面中心是编辑区，中间一个一个的格子称为单元格，它是 Excel 中数据的基本存储单位。该区域顶部的横向字母坐标（A、B、C……）列坐标和区域左边的数字坐标（1、2、3……）行坐标组合并唯一确定标识。即每一个单元格都有一个唯一对应的坐标名称。如图 10-4 中所示鼠标激活的黑色单元格坐标为 A1，在"坐标显示栏"中有显示。

温馨提示 通过在坐标显示栏中输入坐标数值可以指定单元格，并做后续的具体操作，可以很好地提高工作效率，在后面一个任务中使用函数时就涉及相关操作。

在主要工作区域下方为工作表页面选择按钮，在 Excel 中默认一个空白表格即工作簿中由三个工作表页面组成，即 sheet1，sheet2，sheet3，可通过点选任意一个工作表来进行数据录入，也可以通过双击按钮来进行"重命名"操作。利用在工作表标签上单击右键选 "插入"来添加新的工作表以满足不同情况下的需求。

3. 内容设计与情报收集

本次任务的内容为数据录入和一些简单表格制作，主要录入数据为个人好友的基本常用信息，即"姓名"、"性别"、"QQ"、"EMAIL"、"手机"等， 为记录朋友个数，可添加"序号"。制作表格时可按照例子输入数据，也可以以身边现有朋友的相关信息进行录入。

4. Excel工作簿的保存及退出

工作簿录入和编辑完成以后，该内容还驻留在计算机的内存之中。为了永久保存所建立的工作簿，在退出 Excel 前应单击标题栏的"保存"按钮，将它保存起来。如果是第一次保存工作簿，或者通过"文件"选项卡的"另存为"命令来用另一个文件名保存工作簿，则会打开如图 10-5 所示的"另存为"对话框。

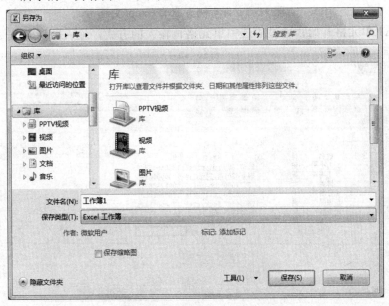

图 10-5 "另存为"对话框

在"文件名（N）:"后面输入正确的工作簿名字以后，点击"保存"按钮即可完成操作。保存后的工作簿，通过单击窗口右上角的"关闭"按钮 就可以退出程序了。

温馨提示 在单击"关闭"按钮退出程序时，如有工作簿输入或修改后内容尚未保存，那么 Excel 将会给出一个对话框，询问是否要保存未保存的工作簿，单击"保存"按钮，直接保存或进入"另存为"对话框执行操作即可。"不保存"按钮代表放弃存储当前输入或修改的内容，"取消"按钮则代表取消这次操作，继续输入或修改工作簿。

5. 具体操作步骤

（1）开启 Excel 2010 软件，单击标题栏的"保存"按钮，弹出"另存为"对话框，如图 10-6 所示。将工作簿命名为"我的社交朋友录"，并将其保存到桌面以自己名字命名的文件夹中。

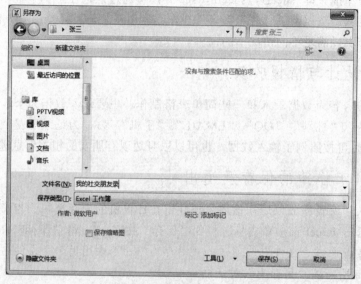

图 10-6　保存刚开启的 Excel 文档

（2）从 A1 单元格开始，通过先选中单元格再输入的方式，输入数据，如图 10-7 所示。

图 10-7　表格中的数据输入

温馨提示　① 在输入数据的过程中，可以通过鼠标单击选中单元格，也可以使用键盘的"上"、"下"、"左"、"右"键控制单元格选框的移动。

② 输入"EMAIL"列中的电子邮箱呈蓝色，因为软件已经自动识别出该格式，并给它做了一个可以通过"Outlook"发送邮件的超级链接。

（3）将鼠标移动到 E 列和 F 列的列标中间位置时，鼠标变成左右方向的双箭头，此时双击鼠标，使"EMAIL"列的宽度自动调整以适应最长的数据，如图 10-8 所示。

106

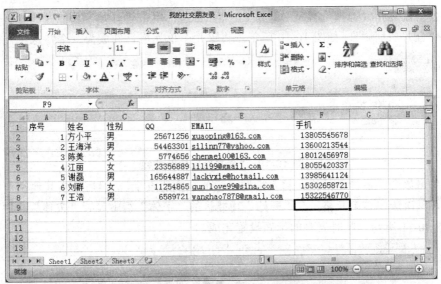

图 10-8　调整自适应列宽

温馨提示　输入数据时，单元格的列宽会根据最长数据自动调整，如"QQ"和"手机"两项；有时不会自动调整，如输入"EMAIL"的数据，此时数据仍然存在，只是会被后面挡住。通过移动鼠标至列标中间双击的方式可以完成调整，此法同样适用于调整行高。

（4）单击左边行标"1"选中第一行内容，使表格第一行单元格全部呈灰色，然后点击右键，在快捷菜单中选择"插入"，如图 10-9 所示。此时，在之前第一行的前面添加了一个空白行，其余各行的行标也依次增加一个。

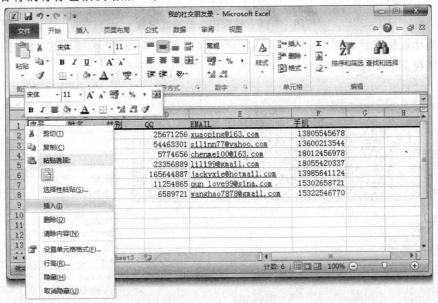

图 10-9　插入行操作

温馨提示　插入行与插入列的方法基本相同，只是新对象被插入的方向不同。插入行是在选中行的上方插入新的行，而插入列时是选中列标 A、B、C 等并在选中列的左侧插入新的列。

（5）使用鼠标指针拖拽选择从 A1 到 F1 单元格，再单击"开始"功能区的"对齐方式"分组中的"合并后居中"，如图 10-10 所示。将这几个单元格合并成为一个特殊单元格。

图 10-10　"合并后居中"按钮

（6）单击该合并后的单元格，输入标题"我的社交朋友录"，然后单击其他空白单元格以确认输入。再次选中该单元格，在"开始"功能区的"字体"组中设置"宋体"、"加粗"、"20号"，如图 10-11 所示。此时表格的标题设置完成。

图 10-11　标题输入及格式设置

（7）拖动鼠标指针以框选出刚才录入的所有数据部分（A2-F9 区域），在选中区域上单击右键，在快捷菜单中选择"设置单元格格式"，如图 10-12 所示。

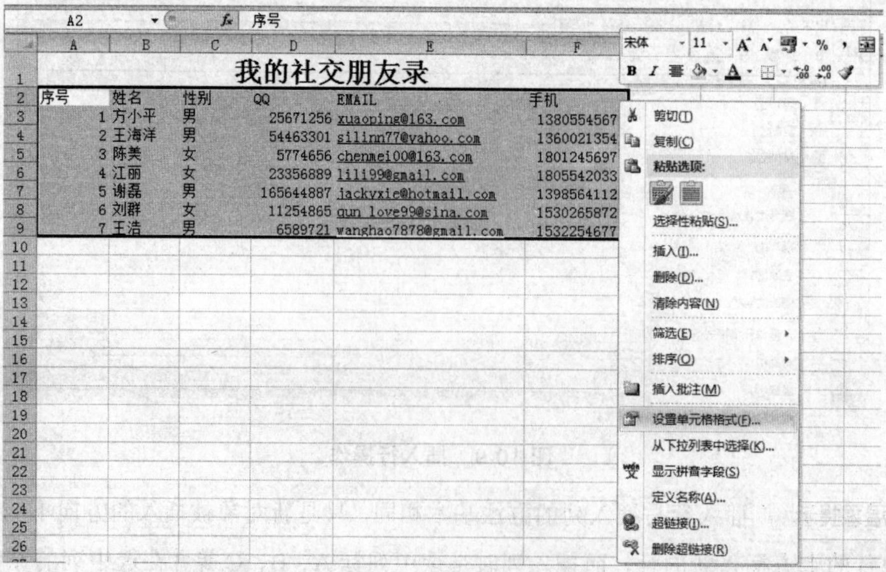

图 10-12　设置单元格格式

（8）在弹出的"设置单元格格式"对话框中单击"对齐"选项卡，将"文本对齐方式"中的"水平对齐"和"垂直对齐"都设置为"居中"，如图10-13所示。

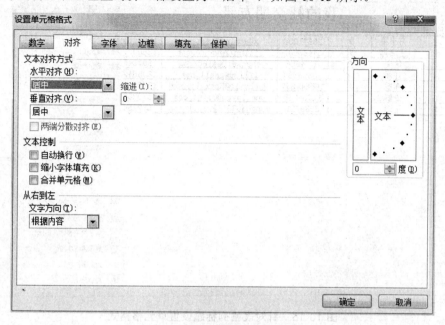

图10-13　设置文本对齐方式

（9）单击"边框"选项卡，在线条样式中选择左下角第一个"直线"后，选择"预置"中的"内部"；在线条样式中选择右下角"双直线"后，选择"预置"中的"外边框"，如图10-14所示。单击"确定"按钮完成主体表格的样式设置。

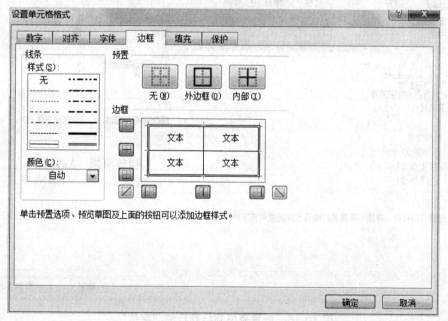

图10-14　设置边框样式

（10）选中表格列标题行的所有数据，在右键快捷菜单中选择"设置单元格格式"，如图10-15所示。

图 10-15　针对表格列标题设置单元格格式

（11）在弹出的"设置单元格格式"对话框中单击"字体"选项卡，在"字体"中设置"宋体"、"加粗"、"12 号"，如图 10-16 示。

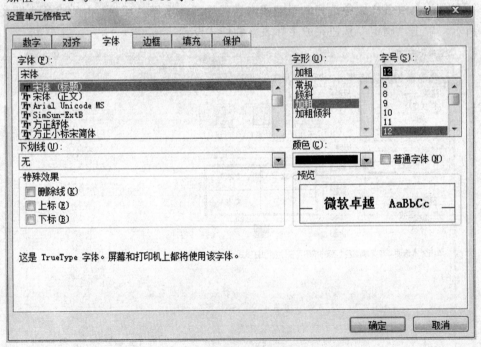

图 10-16　设置表格列标题行的"字体"

（12）单击"填充"选项卡，选择"背景色"中第四行第一个颜色块作为其底纹颜色，如图 10-17 所示。单击"确定"按钮完成表格列标题行的样式设置。

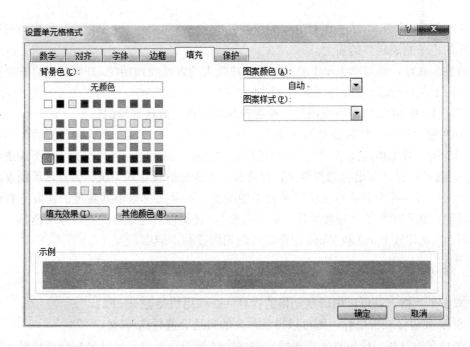

图 10-17　设置填充样式

（13）设置完成后效果如图 10-18 所示。最后单击标题栏的"保存"按钮保存退出。

图 10-18　完成后的结果

到此，好友通讯录的任务结束，相信大家也学会了用 Excel 制作一个简单表格的方法。

四、拓展练习

Microsoft Excel 是微软公司的办公软件 Microsoft office 的组件之一，是由 Microsoft 为 Windows 和 Apple Macintosh 操作系统的电脑而编写和运行的一款试算表软件。直观的界面、出色的计算功能和图表工具，再加上成功的市场营销，使 Excel 成为最流行的微机数据处理软件。在 1993 年，作为 Microsoft Office 的组件发布了 5.0 版之后，Excel 就开始成为所适用操作平台上的电子制表软件的霸主。

目前许多软件厂商借助 Excel 的友好界面和强大的数据处理功能，开始研究将其以更简单的方式应用到企业管理和流程控制中，比如 ESSAP（Excel&SQL 平台）就是很好的将 Excel 和数据库软件 MS SQL 相结合应用到企业管理和各行各业数据处理的例子。

ESSAP 是一个用于构建信息系统的设计与运行平台。其以 Excel 为操作界面，结合大型数据库 MS SQL 与工作流技术，用户只要运用自己已经掌握的 Excel 操作技术（不需依靠专业 IT 人员），就可以设计满足自己需要（管理意图）的各种信息管理系统。另外，系统设计完成并投入使用以后，并不意味着系统就从此不能改变，而是还可以根据管理的需要不断地优化与扩展功能，真正做到了"持续优化，因需而变"，使得你自己设计的系统永不落伍。

练习 1. 试比较 Excel 和 Word 制作表格的相同点和不同点。

1．鼠标在 Excel 中的妙用技巧

① 双击单元格，就可以编辑单元格的内容（对应用快捷键——F2）。

② 在行/列边缘双击鼠标，则可以得到此列的最适合的行高/列宽。

③ 在填充的时候，选定单元格再移动到这个区域的右下角，这时鼠标会变成细十字。当选择区域正下方的单元格有内容时，双击会自动填充下方有数据的区域；当选择区域正下方的单元格为空而左边有数据时，双击会自动填充到与左边有数据的区域齐；当选择区域正下方与左边的单元格为空而右边有数据时，双击会自动填充到与右边有数据的区域齐。

④ 将鼠标移动到选定单元格的边上，这时鼠标会变成带箭头的十字。双击，可以移动到数据区域的边缘，相当于快捷键——Ctrl+方向键；按住 Shift 再双击，可以快速选择数据，相当于快捷键——Shift+Ctrl+方向键。

⑤ 双击工具栏的空白处，就可以调出自定义工具栏的对话框。

⑥ 使用格式刷时，用双击而不是单击就可以多次使用，再单击一次格式刷结束；同样，在使用绘图工具栏时，如果双击线、矩形、圆等图形时，也可以连续绘图。

⑦ 当菜单项没有设定为完全显示时，在菜单上双击，可将菜单中所有的菜单项（包括不常用的菜单项）全部展开。

⑧ 双击浮动工具栏（一种未附加到程序窗口边缘的工具栏）的标题栏，将使该工具栏成为固定工具栏（贴近程序窗口边缘的工具栏）。

⑨ 在标题栏上双击，可以使 Excel 窗口在最大化与最小化间切换。

练习 2. 试新建一个工作簿，输入内容，分别练习上述鼠标功能，做到熟练掌握。

2．设置行高和列宽

在新建的工作表中录入数据之前，Excel 默认单元格的大小都是固定的，在基础数据录入之后会发现有些单元格的显示不合适，上次任务介绍了用鼠标在顶部对应的列项中间交接处双击，即可得到该列适合显示的单元格大小。同理，高度调整也可以在左侧对应的行项交接处双击实现。

在实际使用中有时需要精确设置行高和列宽。精确设置行高可以先选中该行（可以是一行，也可以是多行），然后右击鼠标弹出快捷菜单，如图 10-19 所示。

图 10-19　快捷菜单中设置"行高"

在快捷菜单中选择"行高"后，弹出"行高"对话框，如图 10-20 所示。输入需要的行高值点击"确定"按钮即可完成设置。

图 10-20　快捷菜单中设置"行高"

温馨提示

此法同样适用于精确设置列宽，只需要先选中该列，然后在右击鼠标弹出的快捷菜单中选择"列宽"，弹出"列宽"对话框后填入需要的列宽值"确定"即可。Excel 行高所使用单位为磅（1 cm =28.6 磅），列宽使用单位为 1/10 英寸（即 1 个单位为 2.54 mm）。

练习 3. 试新建一个工作簿，在 sheet1 表中设置区域"A1：H7"的行高和列宽的值均为"25"。

任务十一　高效工作如此简单，因为我会算！

一、知识结构

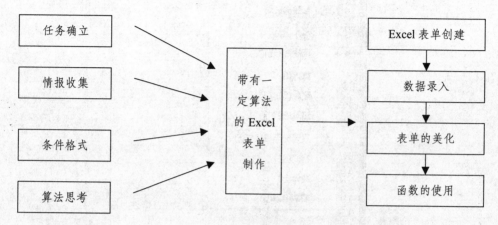

图 11-0　本任务内容结构

二、任务内容

本次任务的内容是通过一些常用的函数算法或自定义算法给 Excel 表单中录入的数据信息作一些常规处理操作，以此来提高工作效率，如图 11-1 所示。

▲	A	B	C	D	E	F	G	H
1			四川交通运输职业学校-计算机专业-2013级1班					
2	序号	学生姓名	网络基础	应用文写作	普通话	photoshop	个人成绩汇总	个人平均成绩
3	1	张玉	83	89	91	94	357	89.3
4	2	卢萍	87	84	92	95	358	89.5
5	3	刘想	81	83	84	88	336	84.0
6	4	李潇潇	0	60	92	93	336	61.3
7	5	张婷婷	73	83	80	94	330	82.5
8	6	尹瑶	80	68	88	54	290	72.5
9	7	莫芸	76	75	85	57	293	73.3
10	8	李岚	84	77	84	82	327	81.8
11	9	王若熙	83	47	80	80	290	72.5
12	10	王峰	86	71	86	80	323	80.8
13	11	备用						
14	班级成绩汇总		733	737	862	817		
15	班级平均成绩		73.3	73.7	86.2	81.7		
16	合计人数		10	10	10	10		
17	单项最高分		87	89	92	95	358	89.5
18								

图 11-1　学生成绩一览表

三、操作演示

1. 信息收集与分析

本次任务的对象是学校常用的成绩表，表格的内容应该包括"表名"、"表头"、"功能区域"三个方面。其中，"表名"就是本次任务所使用的表格名称，可以用"学校+专业+班级"的组合形式构成；"表头"是指本次表格的实际内容项，可以由"序号"、"姓名"、"单科成绩"等组成；而"功能区域"就是指本次表格所要实现的自动演算内容，可以考虑由"个人成绩汇总"、"班级成绩汇总"、"个人平均成绩"、"班级平均成绩"、"合计人数"几个基本的常规项目；当然，如果是作为更深层次的了解和需要，可以添加"单项最高分"、"单项最低分"等内容。

2. 条件格式的设置

为了醒目，在数据录入时可以设置显示条件，比如当录入数据小于60时，显示结果将自动调整为红色，否则保持不变。具体做法是：选中数据录入区域，使该区域呈淡蓝色底纹显示，然后在"开始"功能区"样式"分组中选择"条件格式"按钮，在弹出的下拉菜单中选择"突出显示单元格规则"后，出现下一级子菜单，如图11-2所示。

图 11-2 "条件格式"设置

单击子菜单中第三个"介于"选项，弹出"介于"对话框，在对话框中设置"为介于以下值之间的单元格格式"为"0"到"60"设置为"红色文本"，如图11-3所示。

图 11-3 "介于"对话框的设置

3. 函数的使用

在表格中使用函数是提高工作效率的一个重要手段，也是"智能化办公"的最直接表现，更是 Excel 软件的最大亮点。Excel 中提供给用户使用的函数种类比较多，下面介绍几个常用函数及其使用方法。

① SUM——求和函数。

属于"数学和三角函数"类别，是日常工作中使用频率较高的函数之一，其功能是将指定区域内数据格式的表格内容相加起来并将得到的结果显示出来。

函数格式：SUM（需要求和的数据域）

实例：SUM（B2：B6）

解读：计算并得到从 B2 到 B6 的所有单元格的数据总和。

本次任务中的"汇总"就将使用该函数。

② AVERAGE——求平均值函数。

属于"统计"类别，也是日常工作中使用频率较最高的函数之一，其功能是将指定区域内数据格式的表格内容计算平均值并显示出来。

函数格式：AVERAGE（需要求平均值的数据域）

实例：AVERAGE（A3：A8）

解读：计算并得到 A3 到 A8 单元格内数据的平均值。

本次任务中的"平均分"就使用了该函数。

③ MAX——求最大值函数。

属于"统计"类别，其功能是将指定区域内数据格式的表格内容比较并将其中数据值最大的显示出来。

函数格式：MAX（需要求最大值的数据域）

实例：MAX（B2：D6）

解读：计算并得到对角线为 B2 到 D6 的矩形数据域所有单元格中最大的数值。

本次任务中的"单项最高分"就使用了该函数。

④ MIN——求最小值函数。

属于"统计"类别，其功能是将指定区域内数据格式的表格内容比较并将其中数据值最小的显示出来。举例同上，区别是求最小值。

⑤ COUNT——统计数据个数函数。

属于"统计"类别，其功能是将指定区域内表格内容是数据格式的个数总计显示出来。

函数格式：COUNT（需要计算数量的数据域）

实例：COUNT（A1：A8）

解读：统计并得到从 A1 到 A8 的单元格中内容为数据的单元格个数。

本次任务中的"合计人数"就使用了该函数。

🐞 温馨提示

以上所述的 5 个函数所涉及的参数对象可以是连续的或间隔的单元格，也可以是一个或多个区域；需要强调的一点是，使用这些函数进行计算的单元格必须都为数据格式，否则会显示错误。

在 Excel 2010 中插入函数的方式是：首先选中要插入函数的单元格，然后在"公式"功能区中找到"函数库"分组，点击该分组的第一个图标"插入函数"图标，如图 11-4 所示，打开"插入函数"对话框。

图 11-4 "插入函数"按钮

在"插入函数"对话框的"或选择类别"下拉菜单中有"常用函数"、"财务"、"日期与时间"、"数学与三角函数"、"统计"等函数类别可以选择，在每一个类别中包含了很多专项使用的函数，如图 11-5 所示。根据当前编辑表格的具体情况选择合适的函数后点击"确定"按钮选择相应的区域，最后"确定"完成函数设置。

图 11-5 "插入函数"对话框

🐣温馨提示

"插入函数"对话框还可以通过点击"表格内容输入栏"前面 fx 功能键打开，如图 11-6 所示。

图 11-6 "表格内容输入栏"

另一个简单有效的方法，就是直接在单元格或"表格内容输入栏"内输入"="，并在后面输入函数内容即可。不过，这个方法是基于对所用函数的功能以及该函数所涉及的参数有足够了解的前提下使用的。

4. 具体操作步骤

（1）开启 Excel 2010 软件，单击标题栏的"保存"按钮 🖫，弹出"另存为"对话框，如

图 11-7 所示。将工作簿命名为"带算法的成绩单",并将其保存到桌面以自己名字命名的文件夹中。

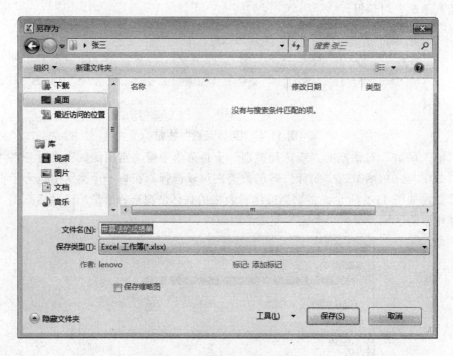

图 11-7　新建工作簿并保存

（2）在 sheet1 工作表中依次输入表名、表头和表格主体数据，并通过"开始"功能区"对齐方式"组中的"合并后居中"按钮设置单元格合并，如图 11-8 所示。

图 11-8　新建工作簿并保存

（3）设置第"1"行的"行高"为"20"，第"2"行到第"17"行的"行高"为"15"，用鼠标在顶部对应的列项中间交接处双击，自动调整列宽，如图 11-9 所示。

图 11-9 基本数据信息输入

（4）设置表格内各个部分的格式。其中，第一行（标题行）文字设置字体为"宋体"，字号"12 号"，字型"加粗"；第二行（列标题行）文字设置字型"加粗"；单元格区域"A2:H17"设置字体"宋体"，字号"10 号"，单元格对齐方式为"垂直"、"水平"方向都居中，并且设置内外边框都为"单实线"，默认粗细，如图 11-10 所示。

图 11-10 基本数据信息输入

（5）为了方便后期表格的可读性和可重复使用性，除数据的可修改、可录入部分外，将其他各个功能部分分别设置不同颜色的"填充"。如将单元格区域"A2:H2"设置"填充"颜色为"深蓝，文字 2，淡色 40%"，"G3:H13"设置"填充"颜色为"白色，背景 1，深色 35%"，"A14:B16"设置"填充"颜色为"黄色"，"C14:F16"设置"填充"颜色为"浅绿"，"A17:H17"设置"填充"颜色为"绿色"，如图 11-11 所示。

	A	B	C	D	E	F	G	H
1	四川交通运输职业学校-计算机专业-2013级1班							
2	序号	学生姓名	网络基础	应用文写作	普通话	photoshop	个人成绩汇总	个人平均成绩
3	1	张玉						
4	2	卢萍						
5	3	刘想						
6	4	李潇潇						
7	5	张婷婷						
8	6	尹瑶						
9	7	莫芸						
10	8	李岚						
11	9	王若熙						
12	10	王峰						
13	11	备用						
14	班级成绩汇总							
15	班级平均成绩							
16	合计人数							
17	单项最高分							
18								
19								

图 11-11　基本格式调整

（6）对于不使用部分单元格，选中区域"G14:H16"，点击"开始"功能区"字体"分组中的"边框类型"，弹出如图 11-12 所示下拉菜单。

图 11-12　基本格式调整

（7）在下拉菜单中选择"其他边框"命令，在弹出的"设置单元格格式"对话框中设置

"边框"为左斜线，如图 11-13 所示。设置完成以后点击"确定"按钮。

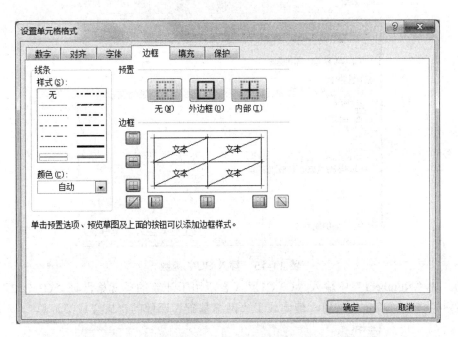

图 11-13　基本格式调整

（8）选中单元格区域"C3:F13"，设置"条件格式"为不及格的数据呈红色后，录入 10 个同学的各科成绩信息，如图 11-14 所示。

	A	B	C	D	E	F	G	H
1			四川交通运输职业学校-计算机专业-2013级1班					
2	序号	学生姓名	网络基础	应用文写作	普通话	photoshop	个人成绩汇总	个人平均成绩
3	1	张 玉	83	89	91	94		
4	2	卢 萍	87	84	92	95		
5	3	刘 想	81	83	84	88		
6	4	李潇潇	0	60	92	93		
7	5	张婷婷	73	83	80	94		
8	6	尹瑶	80	68	88	54		
9	7	莫芸	76	75	85	57		
10	8	李岚	84	77	84	82		
11	9	王若熙	83	47	80	80		
12	10	王峰	86	71	86	80		
13	11	备用						
14	班级成绩汇总							
15	班级平均成绩							
16	合计人数							
17	单项最高分							
18								

Sheet1　Sheet2　Sheet3

图 11-14　数据录入后显示结果

（9）选中单元格 C14，单击"公式"功能区"函数库"分组中"插入函数"命令。在弹出的对话框的"选择类别"处找到"常用函数"，在"选择函数"下拉列表中选择"SUM"函数，如图 11-15 所示。点击"确定"按钮，弹出"函数参数"对话框。

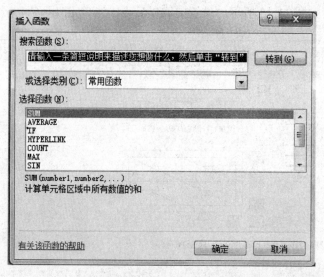

图 11-15   插入 SUM 函数

（10）在"Number1"中输入"C3:C12"（表示用于计算的单元格区域"C3:C12"），如图
11-16 所示。点击"确定"按钮，便完成了"网络基础"课程的"班级成绩汇总"。

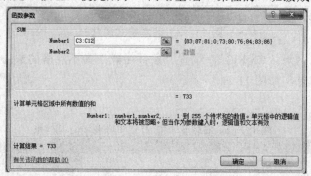

图 11-16   "函数参数"对话框

（11）以同样的方法计算其他课程的成绩汇总以及单元格区域 G2:G12 的"个人成绩汇总"，
结果如图 11-17 所示。

序号	学生姓名	网络基础	应用文写作	普通话	photoshop	个人成绩汇总	个人平均成绩
1	张玉	83	89	91	94	357	
2	卢萍	87	84	92	95	358	
3	刘想	81	83	84	88	336	
4	李潇潇	0	60	92	93	245	
5	张婷婷	73	83	80	94	330	
6	尹瑶	80	68	88	54	290	
7	莫芸	76	75	85	57	293	
8	李岚	84	77	84	82	327	
9	王若熙	83	47	80	80	290	
10	王峰	86	71	86	80	323	
11	备用						
班级成绩汇总		733	737	862	817		
班级平均成绩							
合计人数							
单项最高分							

四川交通运输职业学校-计算机专业-2013级1班

图 11-17   各种成绩汇总

（12）参照求和函数"SUM"，使用"AVERAGE"函数计算"班级平均成绩"和"个人平均成绩"；使用"COUNT"函数计算"合计人数"；使用"MAX"函数计算"单项最高分"。计算的最后结果如图11-18所示。

序号	学生姓名	网络基础	应用文写作	普通话	photoshop	个人成绩汇总	个人平均成绩
			四川交通运输职业学校-计算机专业-2013级1班				
1	张玉	83	89	91	94	357	89.25
2	卢萍	87	84	92	95	358	89.5
3	刘想	81	83	84	88	336	84
4	李潇潇	0	60	92	93	336	61.25
5	张婷婷	73	83	80	94	330	82.5
6	尹瑶	80	68	88	54	290	72.5
7	莫芸	76	75	85	57	293	73.25
8	李岚	84	77	84	82	327	81.75
9	王若熙	83	47	80	80	290	72.5
10	王峰	86	71	86	80	323	80.75
11	备用						
班级成绩汇总		733	737	862	817		
班级平均成绩		73.3	73.7	86.2	81.7		
合计人数		10	10	10	10		
单项最高分		87	89	92	95	358	89.5

Sheet1　Sheet2　Sheet3

图 11-18　函数计算结果

温馨提示

在使用函数的时候请注意：应先选择需要使用函数的单元格，再输入函数并设置参数。另外，在数据录入时，尽量将数据的单位设计在表头上，单元格内仅出现数据值。

（13）选中单元格区域"H3:H12"，在右击鼠标弹出的快捷菜单中选择"设置单元格格式"，进入"设置单元格格式"对话框，在"数字"选项卡中选择"数值"项，在"小数位数"后面输入数值"1"，使结果保留一位小数，如图11-19所示。

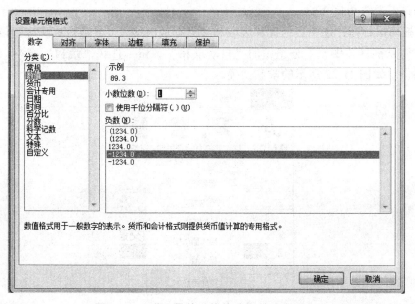

图 11-19　"设置单元格格式"的小数位数

（14）设置完成后点击"确定"按钮，效果如图 11-20 所示。最后单击标题栏的"保存"按钮，保存退出。

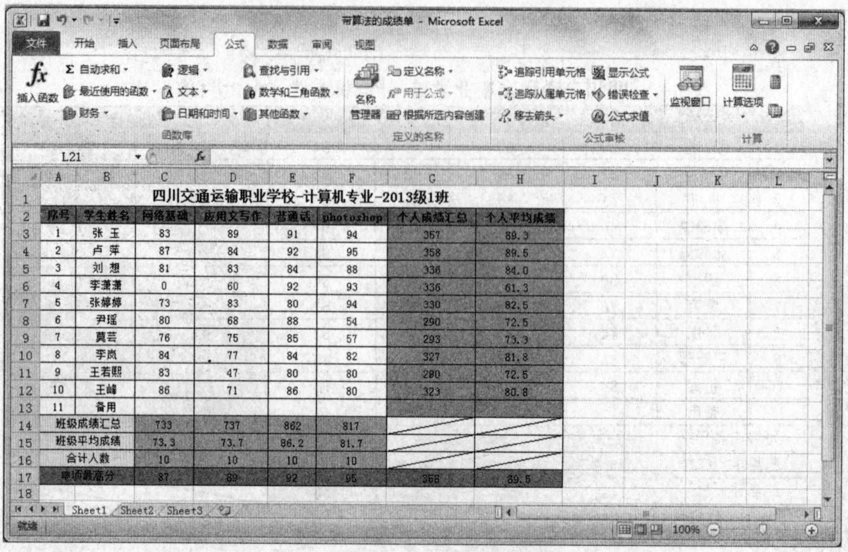

图 11-20　完成设置后的最终结果

到此，本次在 Excel 电子表格中利用函数进行数据计算的任务结束。

四、拓展练习

1．无需使用函数计算简单表格

在表格结构比较简单，计算所需函数为"求和"、"平均值"、"计数"、"最大值"、"最小值"这几个常用函数时，可以直接利用 Excel 提供的快捷方式来进行计算。下面以本次任务中的"个人成绩汇总"为例介绍。

首先，拖动鼠标指针选中数据计算区域和结果存放区域，也就是数据区域 C3:G12；然后，单击"开始"功能区"编辑"分组中的"自动求和"按钮，选择"求和"命令，如图 11-21所示，即可得出如图 11-22 所示的求和结果。

图 11-21　"自动求和"中的"求和"命令

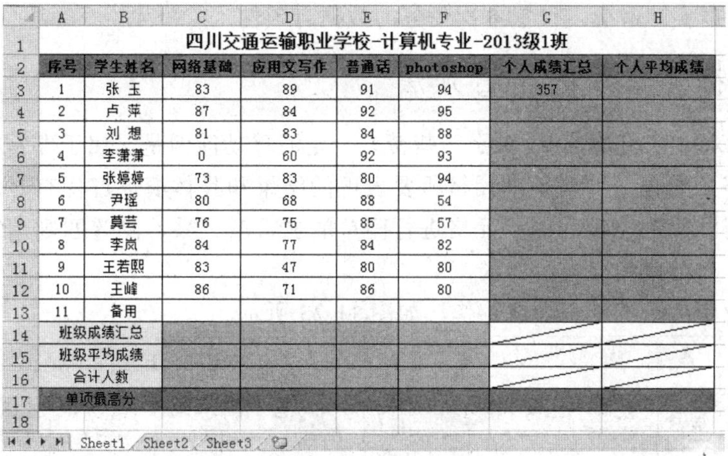

	A	B	C	D	E	F	G	H
1	四川交通运输职业学校-计算机专业-2013级1班							
2	序号	学生姓名	网络基础	应用文写作	普通话	photoshop	个人成绩汇总	个人平均成绩
3	1	张 玉	83	89	91	94	357	
4	2	卢 萍	87	84	92	95		
5	3	刘 想	81	83	84	88		
6	4	李潇潇	0	60	92	93		
7	5	张婷婷	73	83	80	94		
8	6	尹瑶	80	68	88	54		
9	7	莫芸	76	75	85	57		
10	8	李岚	84	77	84	82		
11	9	王若熙	83	47	80	80		
12	10	王峰	86	71	86	80		
13	11	备用						
14	班级成绩汇总							
15	班级平均成绩							
16	合计人数							
17	单项最高分							
18								

Sheet1 Sheet2 Sheet3

图 11-22　自动求和结果

练习 1. 利用该方法重新计算“个人成绩汇总项”。

2. 数据的有效性

在输入学生成绩时，数据内容应取值在 0 到 100 之间，对于超出范围上下限的数据则视为无效数据，通过设置数据的有效性，可以禁止无效数据的修改或录入。具体实施方法是：

选中需数据录入的区域，使该区域呈淡蓝色底纹显示。然后在“数据”功能区“数据工具”分组中选择“数据有效性”，并在下拉菜单中选择“数据有效性”命令，如图 11-23 所示。

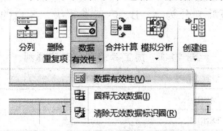

图 11-23　选择“数据有效性”

在弹出的“数据有效性”设置对话框中，根据要求设置允许输入“介于 0-100 的整数”，如图 11-24 所示。设置完成后点击“确定”按钮即可完成相应功能。

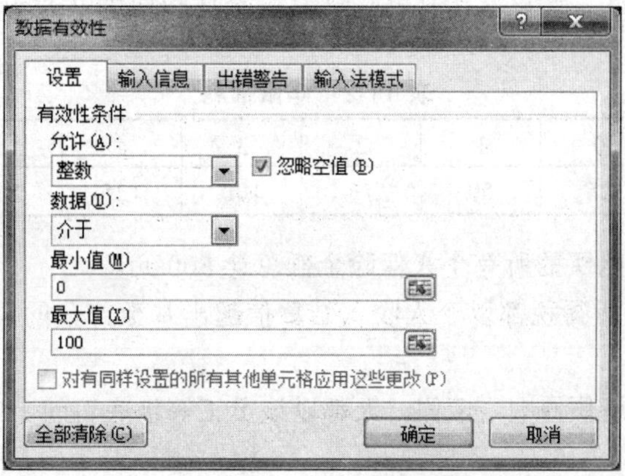

图 11-24　数据有效性设置

练习2. 根据实际情况，设置本次任务的数据有效性。

3. 针对特殊算法的使用方法

在不同的 Excel 使用场合中，对于一些带有一定演算功能但是又属于非常规函数能一次算出结果的单元格，首先需要对该单元格所要表现的结果和具体演算过程有一定的认识，根据具体的要求，对所有参与演算的单元格进行简单的加、减、乘、除等四则运算或函数嵌套运算的组合运用，以达到最终显示要求。

比如某企业中的员工工资表格制作，如图 11-25 所示。

	A	B	C	D	E	F	G	H
1				个人财务结算报表				
2	编号	级别 （等级）	工作年限 （年）	加班时间 （小时）	参与项目 （个数）	请假天数 （天）	条款处罚 （元）	实际发放 （元）
3	001	A	3	0	5	1	120	
4	002	A	1	28	3	0	0	
5	003	B	2	18	6	0	30	
6	004	B	3	36	8	2	0	
7	005	C	4	27	4	1	0	

图 11-25　个人财务结算报表

该表格中并没有很多金额表现，但是所表现的所有数据又都与最后的个人收入有直接的联系，由此可以通过非常透明的、科学的管理制度来提高公司的人员薪金管理。在制作相关的演算单元格时就需要把这些已有数据与演算结果的关系理顺清楚，并加以合理运算。

假设该公司的个人收入规则有如下说明：

① 公司员工根据工作范畴划分为 A、B、C 三类等级，各自的底薪和享受提成比例待遇如表 11-1 所示。

表 11-1　员工等级划分对应福利

等级	底薪（元/月）	加班（元/小时）	提成比例（%）
A	2400	65	3
B	1800	55	2
C	1200	45	1

② 根据员工在公司工作年限长短，设置一个"忠诚奖励"，基数为 300 元/月，无等级划分，超过合同签订日不及一年按零年计算，并且不累计超出部分的年限，各自享受的奖励比例如表 11-2 所示。

表 11-2　年限福利

年限（年）	0	1	2	3	4	5	6	7
奖励比例（%）	25	50	75	100	125	150	175	200

③ 无论等级，员工购买的所有个人保险金额总计 500 元。

④ 无论等级，个人所得税都以个人收入结算值超出基数部分的 10% 收取，收取基数为 2 000 元。

⑤ 无论等级，无论请假原因，请假一天都以该员工等级底薪的 1/30 来划分基数并综合天数计算加以扣除。

⑥ 无论项目内容，每个项目盈利都以 3 000 元作为提成基数进行计算。

要计算出每个人的最终个人收入，就应该从该公司的个人收入管理制度上入手了解，将管理制度的表述内容以合理的格式录入到 Excel 表单中作为备用资料，再理顺思路进行逐步演算，计算出个人所有的"收入"、"支出"，再利用"收入-支出=个人实发金额"。

在 Excel 表格中，需要添加内容有：级别薪酬制度、年限奖励制度、项目盈利提成基数、忠诚奖励基数、保险内容汇总金额、个人收支明细表（即函数算法组合表）。

在此就不讲述其他的算法推理过程，图 11-26 是给出的添加的表格内容，包括 3 个管理制度转换表格、1 个函数算法组合表格。

个人财务结算报表

编号	级别(等级)	工作年限(年)	加班时间(小时)	参与项目(个数)	请假天数(天)	条款处罚(元)	实际发放(元)
1	A	3	0	5	1	120	2535.8
2	A	1	28	3	0	0	4011.6
3	B	2	18	6	0	30	2822.5
4	B	3	36	8	2	0	3823.6
5	C	4	27	4	1	0	2347.8

级别(等)	底薪(元)	加班(小时)	提成比例(%)			
A	2400	65	3	项目盈利基数	3000	
B	1800	55	2	忠诚奖励基数	300	
C	1200	45	1	保险内容汇总	500	

年限(年)	0	1	2	3	4	5	6	7
奖励(%)	25	50	75	100	125	150	175	200

添加内容——函数算法组合表

编号	等级底薪	年限奖金	加班奖金	项目提成	收入汇总	请假扣除	保险	支出汇总	税前收入	个税
1	2400	300	0	450	3150	80	500	580	2570	34.2
2	2400	150	1820	270	4640	0	500	500	4140	128.4
3	1800	225	990	360	3375	0	500	500	2875	52.5
4	1800	300	1980	480	4560	120	500	620	3940	116.4
5	1200	375	1215	120	2910	40	500	540	2370	22.2

图 11-26　补充完整的个人财务结算报表

本表格在后续使用中，没有填充颜色的部分为可修改内容，用户只需要根据公司实际的情况在这些部分修改内容后，其余部分将全部自动演算完成。

特别需要注意的事项为：个人财务结算报表中的等级划分与等级制度中的等级内容在分类上应该一致。

下面附上"函数算法组合表"中编号为 1 的员工收入所对应的函数表达式，请对照表格坐标学习：

等级底薪=SUMIF（A10：A12，B3，B10：B12）

年限奖金=SUMIF（B14：I14，C3，B15：I15）*0.01*H11

加班奖金=D3*SUMIF（A10：A12，B3，C10：C12）

项目提成=E3*SUMIF（A10：A12，B3，D10：D12）*H10*0.01

收入汇总=SUM（B19：E19）

请假扣除=F3*SUMIF（A10：A12，B3，B10：B12）/30

保险=H12

支出汇总=SUM（G19：H19）

税前收入=F19-I19

个税=IF（J19>2000，（J19-2000）*0.06）

实际发放=J19-K19

练习 3. 将本表格内容输入到 Excel 表格中对照查看，以便学习和掌握函数的更多使用。

任务十二　高效的同时，满足要求更有讲究！

一、知识结构

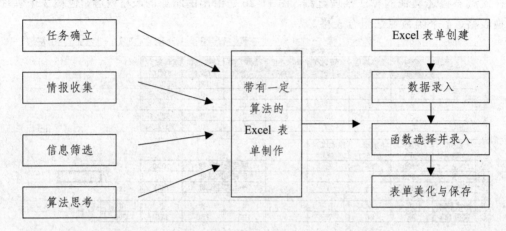

图 12-0　本任务内容结构

二、任务内容

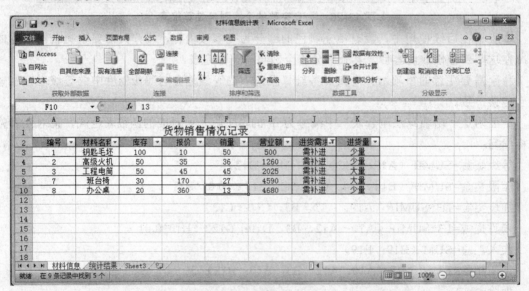

图 12-1　材料信息统计表

可以看到本次任务表格展示中有几个特殊的地方是在以往的电子表格中没有见过的：

① 在第 2 行和第 3 行之间可以清楚地看到很明显加粗的黑线；

② 在 B 列之后是 D 列而不是 C 列，F 列后面是 H 列；H 列后面是 J 列；

③ 在第一行第一格表头右上角有红色小三角；

④ 在"表头行"（第一行）中，每一个单元格内容后面都有一个可展开的按钮；

对以上特殊显示做如下具体解释：

① 明显的黑线是对表格进行了"冻结"设置，其功能是：在第二行以下展开任意行，第一行的表头始终都能显示出来，这一功能经常使用在数量庞大的数据信息录入时。

② 按正常情况下，即便是删除了 B 列后面原本的 C 列，而 C 后面的 D 列补位 C 列后会默认自动修改编号为 C 列，无法实现跨编号。上图中 B 列与 D 列之间的边框线格外明显，像是进行了加粗显示，这便是使用了"隐藏"设置的结果。其功能是：出于对数据库中某些信息或数据的隐蔽性考虑，或者是避免非重点信息的版面过大而影响显示内容的受限，可以人为地控制某些行或列"隐藏"或"显示隐藏"。

③ 红色小旗表示"标注说明"，其功能是：通过触发式窗口文字提示用户该单元格内数据所要代表的内容含义，经常用在表头及某些特殊的单元格上。

④ 可展开的按钮是为单元格添加了"筛选"的功能设置，其功能是：用户可以通过对展开栏中具体操作选项内容的选择，来对表格内数据进行有效地升、降序排序，还可以进行条件或自定义筛选。

三、操作演示

1. 函数介绍与选择

在上次任务中学习了常规运算函数，包括 SUM，AVERAGE 等，本次任务再介绍几个关于条件设定后计算的函数。

① IF 条件返回值函数。

属于"逻辑"类别，也是日常工作中使用频率较高的函数之一，其功能是在给定的条件满足与不满足时分别返回一个对应的值；该函数常常作为其他函数的参数返回条件参与运算，而且其自身可以多次重复嵌套使用。

函数格式：IF（条件，条件满足返回值，条件不满足返回值）

实例：IF（A1>50，A，B）

解读：如果 A1 单元格内的数据大于 50，那么得到的值为 A，否则值为 B。

本任务中，进货需求就是运用了 IF 函数来自动演算返回值为"充足"或"需补进"。

② SUMIF 条件求和函数。

属于"数学和三角函数"类别，其功能是在指定条件满足的情况下对指定区域内数据格式的表格内容进行求和计算并显示结果，该参数只针对数据有效。

函数格式：SUMIF（需要对比的数据域，对比条件，需要计算的数据域）

实例：SUMIF（A1:A5，30，B1:B5）

解读：在 B1 到 B5 的单元格组中，找到对应于 A1 到 A5 中数据等于 30 的项，然后相加起来。

在上次任务中如果需要计算"最高分获得者"，函数嵌套条件可以使用该函数。

③ COUNTIF 条件计数函数。

属于"统计"类别，其功能是在指定条件满足的情况下对指定区域内的表格内容进行计数统计并显示结果，该函数除了对数据有效，也可以对文本有效。

函数格式：COUNTIF（需要算数的数据域，条件）

实例：COUNTIF（B2:B9，"办公桌"）

解读：在 B2 到 B9 中计算"办公桌"出现的次数。

在本次任务的后续统计中就是用了该函数来统计"需要补进货物种类"的数量。

④ FREQUENCY 区域频率统计函数。

属于"统计"类别，其功能是在指定区域内数据格式的表格内容中统计符合某指定条件的数据个数。

函数格式：FREQUENCY（需要算数的数据域，条件）

实例：FREQUENCY（C2:C20，J2:J4）

解读：在 C2 到 C20 中统计单元格数据在某个区域内的单元格个数。

在上次任务中如果需要"高分段"统计，可以使用到该函数。

⑤ CHOOSE 选择函数。

属于"查找与引用函数"类别，其功能是在指定的区域内将特定的某一个数据显示出来。

函数格式：CHOOSE（序号，数据 1，数据 2，数据 3，……）

实例：CHOOSE（3，A1，B3，C7，D3，E5）

解读：从 A1，B3，C7，D3，E5 中选出第 3 个，即返回值是 C7。

在上次任务中如果需要获得每门课程"最高分获得者"的数据，可以使用该函数。在本任务的后续统计中各类产品之最用到该函数。

🎧 温馨提示

需要提醒的是，由于 CHOOSE 函数是"指定在某数据序列中找到某指定序号的数"，而想要通过自动演算的方式来确定"指定序号"，就需要对该"指定序号"做一定的"条件满足"设定，即 CHOOSE 函数往往需要与其他函数搭配使用并由该返回值作为其"序号"进行"选择条件"。若作为二选一条件，使用 IF 函数很方便，假如是在一个较长的数据组中选择，则建议使用 SUMIF 函数来进行"假计算"从而获得"真序号"，本次任务便是通过 SUMIF 函数的这种"假计算"搭配使用的。

2. 冻结设置

冻结的含义及功能在本次任务的任务内容中已提到，下面介绍如何实现有效的冻结。

分析每一个表格，总会发现，表头是列项的汇总，往往从第二行开始，就是表格的正式数据的录入，根据数据录入量的大小，可确定"冻结"操作的必要性。对于表格数据总行数估计在 10 行以内的，则可免去此步操作。

冻结的具体操作方法是：首先要确定准备冻结的内容，然后选中需要冻结行的下面一行使之呈蓝色，再选择"视图"功能区的"窗口"分组，点击"冻结窗口"按钮，在出现的下拉菜单中选择"冻结拆分窗格"命令，如图 12-2 所示。在完成冻结操作后，滚动鼠标滑轮键即可看到冻结的效果。

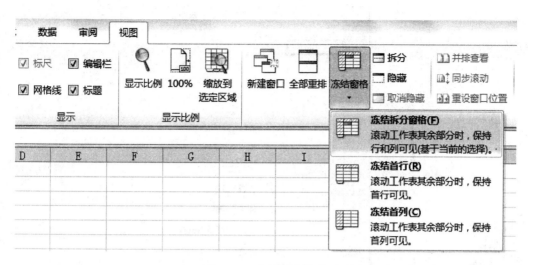

图 12-2 冻结拆分窗格

3. 具体操作步骤

（1）在以自己名字命名的文件夹中的空白处右击鼠标，选择弹出的快捷菜单中"Microsoft Excel 工作表"新建 Excel 文档，如图 12-3 所示。将文档重命名为"材料信息统计表.xlsx"后，双击打开进入工作簿。

图 12-3 新建 Excel 文档

（2）单击左下角的"sheet1"工作表，在右键快捷菜单中选择"重命名"，如图 12-4 所示，将"sheet1"重命名为"材料信息"工作表。

图 12-4 "重命名"工作表 "sheet1"

（3）将材料的基本信息录入到"材料信息"工作表的表格中，选中 A 列至 K 列，设置列宽为"10"；通过"开始"功能区"对齐方式"组中的"合并后居中"按钮设置第一行（标题行）相应单元格合并，并将标题文字设置为"16 号"；选中单元格区域"A2:K11"，在"开始"功能区的"对齐方式"分组中设置为"垂直居中"和"居中"对齐，并在"字体"分组中"边框类型"下拉菜单中选择"所有框线"，如图 12-5 所示。

图 12-5 设置选中区域的框线类型

（4）第二行（行标题）表头通过"开始"功能区"字体"分组里面的"填充颜色"按钮设置为"橙色"底纹，将单元格区域"G3:K11"的"填充颜色"设置为"黄色"底纹，如图12-6所示。

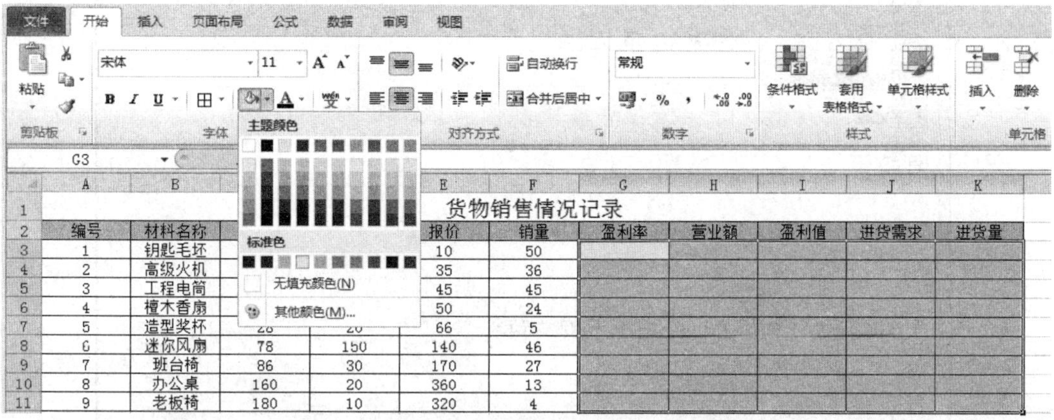

图 12-6 设置相应区域的"填充颜色"

（5）在"G3"单元格内输入公式"=（E3-C3）/E3"后按"Enter"键，得到计算结果。用鼠标选中"G3"单元格后，移到该单元格右下角，当鼠标呈实心的"十"字状时，按下鼠标拖动至"G11"单元格，将公式复制，得到其他行的计算结果，如图12-7所示。

图 12-7 复制公式得到的结果

🔔 温馨提示

公式的一般形式为：=<表达式>

表达式可以是算术表达式、关系表达式和字符串表达式等，表达式可由运算符、常量、单元格地址、函数及括号等组成，但不能含有空格，公式中<表达式>前面必须有"="号。

常用的运算符有算术运算符、字符运算符和关系运算符三类。按照优先级从高到低，分别为："-"负号、"%"（百分号）、"^"（乘方）、"*，/"（乘，除）、"+，-"（加，减）、"&"（字符串连接）、"=，<>，>，>=，<，<="（等于，不等于，大于，大于等于，小于，小于等于）。公式计算还通常需要通过使用单元格的地址来引用单元格或单元格区域的内容。

（6）保持该区域的选中状态，右击鼠标，在弹出的快捷菜单中选择"设置单元格格式"打开"设置单元格格式"对话框，在"数字"选项卡中将"百分比"选项的"小数位数"设置为"1"，如图12-8所示，点击"确定"按钮完成设置。

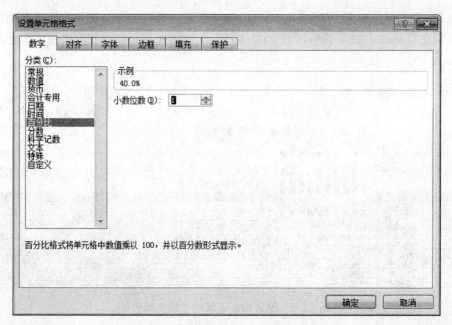

图 12-8　设置数字的百分比显示方式

（7）在"H3"单元格内输入公式"=E3*F3"后按"Enter"键，得到"营业额"的计算结果；在"I3"单元格内输入公式"=（E3-C3）*F3"后按"Enter"键，得到"盈利值"的计算结果；在"J3"单元格内输入函数"=IF（（D3-F3）/D3<=0.5,"需补进","充足"）"后按"Enter"键，得到"进货需求"的计算结果；在"K3"单元格内输入函数"=IF（（D3-F3）/D3>0.5,"无",IF（（D3-F3）/D3<=0.1,"大量","少量"））"后按"Enter"键，得到"进货量"的计算结果，如图 12-9 所示。

K3		ƒx	=IF（（D3-F3）/D3>0.5,"无",IF（（D3-F3）/D3<=0.1,"大量","少量"））							
	A	B	C	D	E	F	G	H	I	J	K
1				货物销售情况记录							
2	编号	材料名称	进价	库存	报价	销量	盈利率	营业额	盈利值	进货需求	进货量
3	1	钥匙毛坯	6	100	10	50	40.0%	500	200	需补进	少量
4	2	高级火机	15	50	35	36	57.1%				
5	3	工程电筒	33	50	45	45	26.7%				
6	4	檀木香扇	24	50	50	24	52.0%				
7	5	造型奖杯	28	20	66	5	57.6%				
8	6	迷你风扇	78	150	140	46	44.3%				
9	7	班台椅	86	30	170	27	49.4%				
10	8	办公桌	160	20	360	13	55.6%				
11	9	老板椅	180	10	320	4	43.8%				

图 12-9　利用公式和函数计算相应值

温馨提示

函数 IF（（D3-F3）/D3<=0.5,"需补进","充足"）的意思是：剩余量占库存的百分比如果在 50% 或以下的话显示"需补进"，如果大于 50% 的话就显示"充足"。函数 IF（（D3-F3）/D3>0.5,"无",IF（（D3-F3）/D3<=0.1,"大量","少量"））是两个 IF 函数的嵌套，如果剩余量占库存的百分比大于 50% 显示"无"，如果在 10% 或以下的话显示"大量"，否则显示"少量"。

注意：函数中的双引号""需要使用英文输入法输入。

（8）分别复制相应函数到其他单元格，计算出所有的"营业额"、"盈利值"、"进货需求"和"进货量"。选中第 3 行（行标题下面第一行）使之呈蓝色，然后选择"视图"功能区的"窗口”分组，点击“冻结窗口”按钮，在出现的下拉菜单中选择“冻结拆分窗格”命令，完成后如图 12-10 所示。

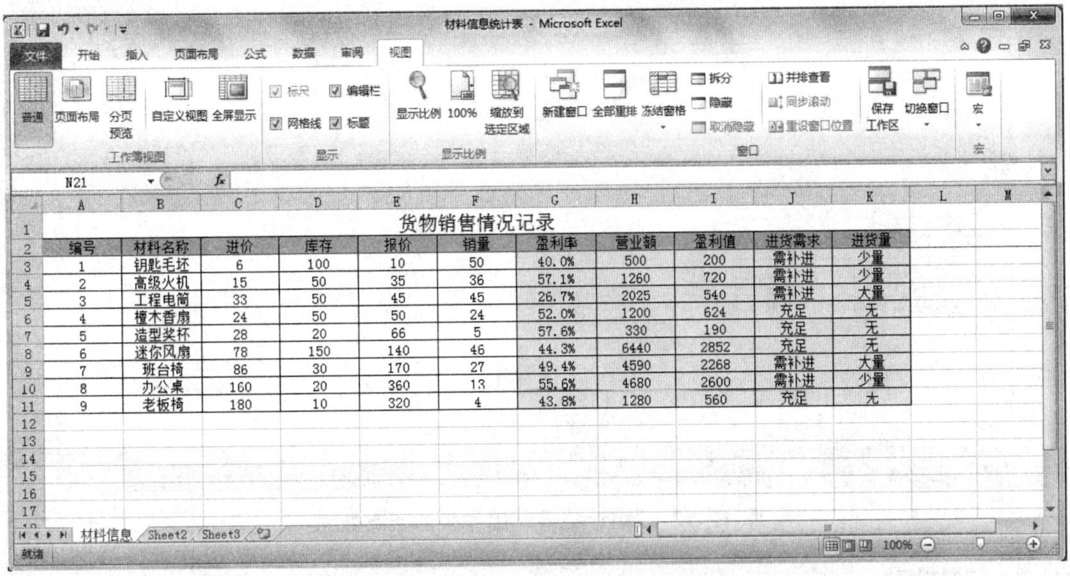

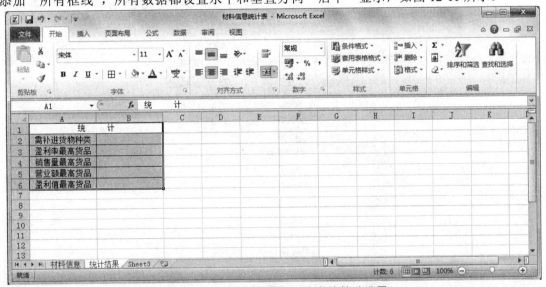

图 12-10 “冻结拆分窗格”后显示的效果

（9）将工作表“Sheet2”重命名为“统计结果”，然后在“统计结果”工作表中录入基本信息，将信息区域的行高和列宽值都设置为“15”，第一行做“合并后居中设置”，其余数据添加“所有框线”，所有数据都设置水平和垂直方向“居中”显示，如图 12-11 所示。

图 12-11 “统计结果”工作表的基础设置

（10）在“B2”单元格内输入函数“=COUNTIF（材料信息!J3:J11，"需补进"）”后按“Enter”键，得到“需补进货物种类”的计算结果；在“B3”单元格内输入函数“=CHOOSE（SUMIF（材料信息!G3:G11，MAX（材料信息!G3:G11），材料信息!A3:A11），材料信息!B3，材料信息!B4，材料信息!B5，材料信息!B6，材料信息!B7，材料信息!B8，材料信息!B9，材料信息!B10，材料信息!B11）”后按“Enter”键，得到“盈利率最高货品”的计算结果；将函数中的单元格区域"材料信息!G3:G11"分别更换为"材料信息!F3:F11"、"材料信息!H3:H11"和"材料信息!I3:I11"得到相应单元格的数据，如图 12-12 所示。

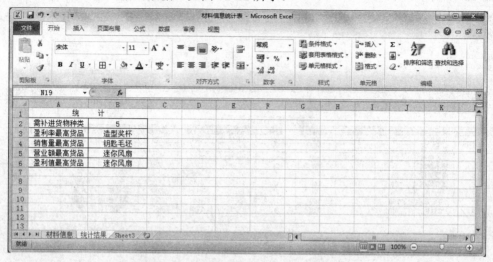

图 12-12 "统计结果"工作表的所有数据

🐧温馨提示

引用同一工作簿中其他工作表的数据的方法：工作表名+"！"+单元格区域。例如本次任务中的"材料信息！J3:J11"，表示引用的"材料信息"工作表中的 J3:J11 单元格区域。

（11）右击"材料信息"工作表中的"编号"单元格，在弹出的快捷菜单中选择"插入批注"，如图 12-13 所示，此时"编号"单元格上方会出现被激活的对话框。

图 12-13 快捷菜单中的"插入批注"

（12）在对话框中输入"货物编号"，如图 12-14 所示。批注设置完成后，用户只需要将鼠标在该单元格上停留片刻，即可弹出对该单元格批注的内容提示。

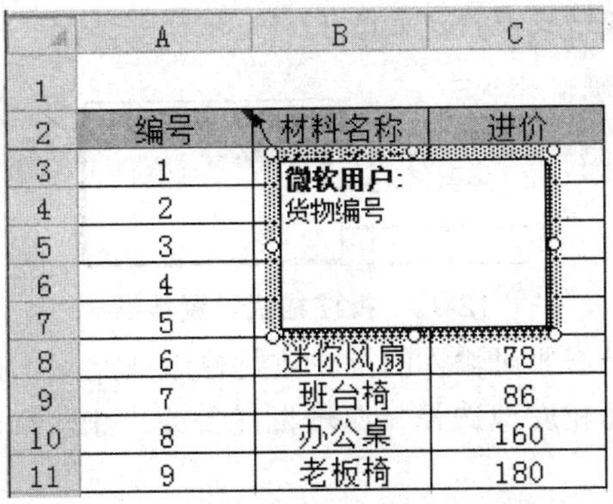

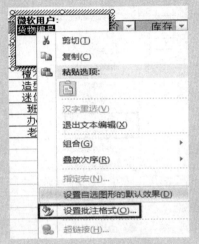

图 12-14 快捷菜单中的"插入批注"

温馨提示 对于批注中的文字,用户同样可以进行相应格式的设定。选中文字后右击鼠标,在快捷菜单中选择"设置批注格式",如图 12-15 所示。

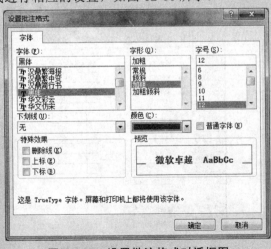

图 12-15 设置批注格式图

接着根据自己想要的效果,在弹出的设置批注对话框中对批注字符的"字体"、"字号"、"字型"、"颜色"等格式进行相应的设置,如图 12-16 所示。

图 12-16 设置批注格式对话框图

最后单击"确定"完成格式设置，如图 12-17 所示。

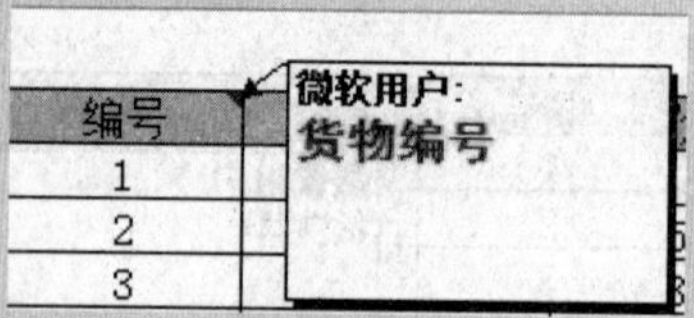

12-17　批注格式设置结果

在表格编辑过程中如果需要对输入的批注进行修改或删除，操作方法与插入的方法基本一致，只要在右键菜单里面相应地选择"编辑批注"或"删除批注"命令即可，如图 12-18 所示。

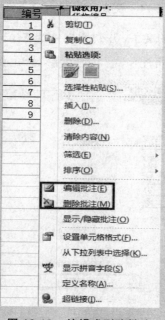

图 12-18　编辑或删除批注

（13）鼠标单击 C 列的列标选中整个列，右击鼠标弹出快捷菜单，在快捷菜单中选择"隐藏"，如图 12-19 所示。

图 12-19　"隐藏"菜单的选择

（14）隐藏以后的列标如图 12-20 所示。按照相同的方法隐藏 G 列和 I 列。

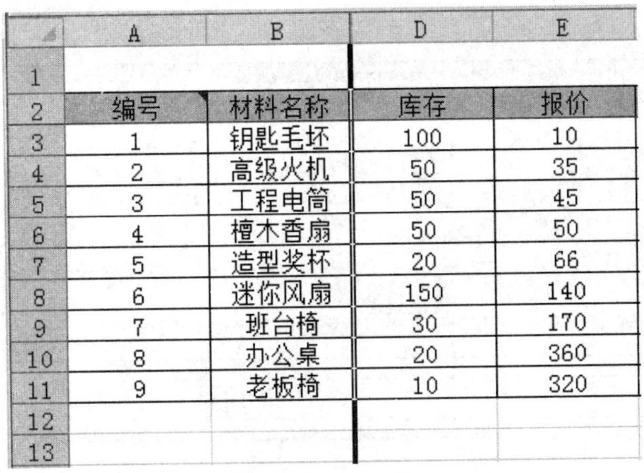

	A	B	D	E
1				
2	编号	材料名称	库存	报价
3	1	钥匙毛坯	100	10
4	2	高级火机	50	35
5	3	工程电筒	50	45
6	4	檀木香扇	50	50
7	5	造型奖杯	20	66
8	6	迷你风扇	150	140
9	7	班台椅	30	170
10	8	办公桌	20	360
11	9	老板椅	10	320
12				
13				

图 12-20　"隐藏"后表格的效果

（15）鼠标单击表格内有数据的任意一个单元格，如"F10"，然后在"数据"功能区的"排序和筛选"分组中点击"筛选"按钮，如图 12-21 所示，完成筛选设置。

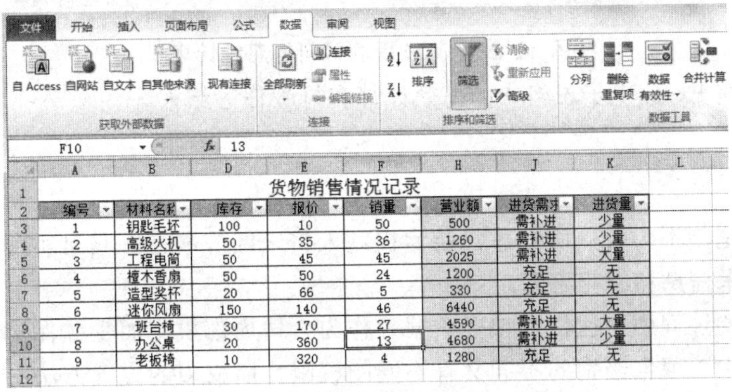

图 12-21　"筛选"设置后表格的效果

（16）鼠标单击"进货需求"单元格内左侧的"下三角"图标，在下拉菜单中"充足"项前面的方框中单击，将勾去掉，如图 12-22 所示。

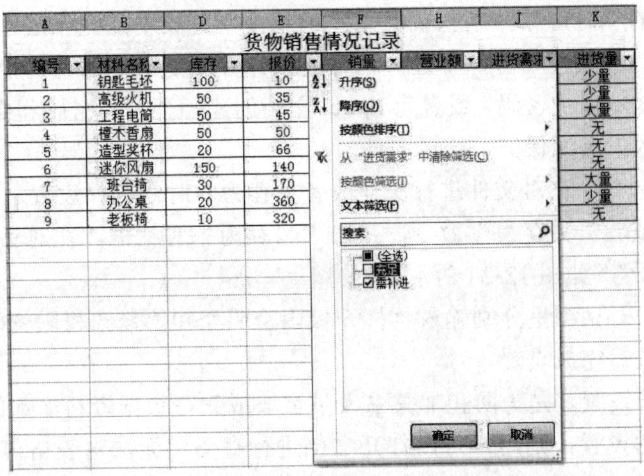

图 12-22　设置筛选的参数

（17）设置完成后点击"确定"按钮，效果如图 12-23 所示。最后单击标题栏的"保存"按钮 ![save]，保存退出。

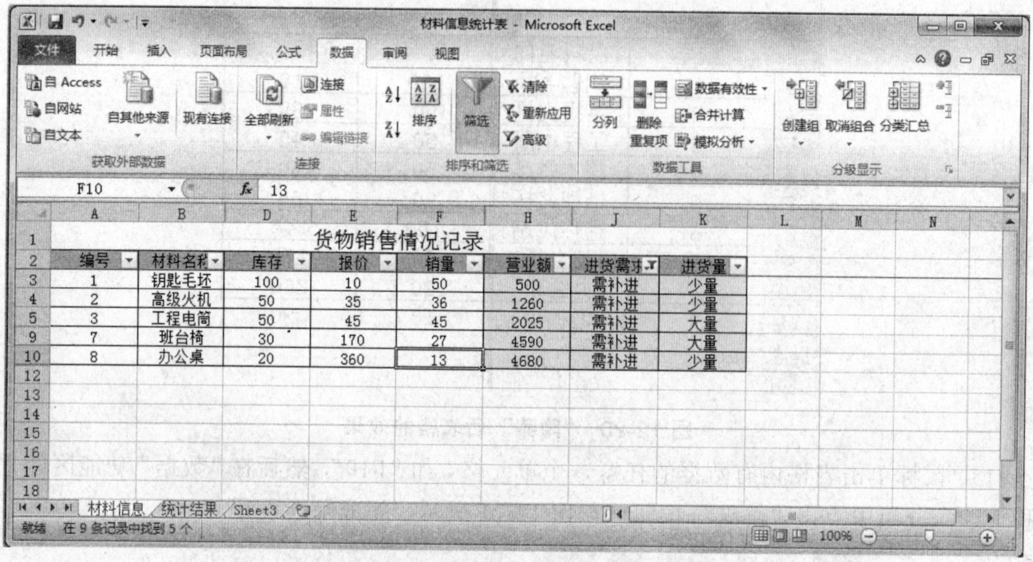

图 12-23　完成后的材料信息统计表

到此，本次在 Excel 电子表格中的高效计算和排版任务结束。

四、拓展练习

商业机密，是指不为公众所知悉，能为权利人带来经济利益，具有实用性并经权利人采取保密措施的技术信息和经营信息。

在商业运作的过程中，往往有很多数据是作为公司内部机密而受到保护的，但是在企业内部的传阅过程中，根据级别的不同又有不同的权限，而权限的设置方法没有固定模式，需要根据实际情况而定。

1．密保设置

通过本次任务的学习可知，某些数据需要记录，但是又不能完全展示给所有人查看，那么就需要设置一些"隐藏"项目，不过，这样的操作并不是最好的"防范"措施，最好的防范措施是设置表格区域保护密码，或者为 Excel 文档创建一个打开密码和修改密码，根据不同需求来实现不同的数据资源保护。

① 外围密码的设定：在对文件进行保存或者另存为的时候进行设置。方法是单击"文件"功能区的"保存"或者"另存为"命令，弹出"另存为"对话框，在对话框上单击"工具"按钮选择"常规选项"，如图 12-24 所示。

在"常规选项"对话框里分别输入"打开权限密码"和"修改权限密码"，如图 12-25 所示，点击"确定"按钮完成设置。

打开权限密码的设置，是为防止非关系人员盗取或剽窃数据资料而加的保护。

修改权限密码的设置，则用户可以打开文档进行查阅但无法对表格内容进行修改，比如让学生可以查阅自己的成绩表单却无法修改其数据内容。

图 12-24　另存为对话框的"常规选项"　　　　　图 12-25　常规选项中输入密码

② 内部区域的保护：目的是防止使用者在使用过程中由于误操作造成某些单元格内容发生变化而导致错误。具体方法如下：

选择可提供使用者修改数据的单元格或单元格区域，然后在"审阅"功能区中找到"更改"分组，单击"允许用户编辑区"按钮，如图 12-26 所示。

图 12-26　区域保护进入路径

在弹出的对话框中单击"新建按钮"，弹出"新区域"对话框，确认一下"引用单元格"区域是否为选中单元格，在"区域密码"中输入密码，如图 12-27 所示。

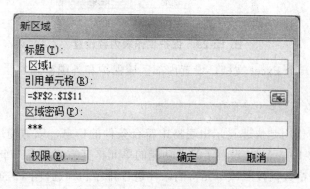

图 12-27　新区域对话框

点击"确定"按钮，在窗口中间出现了"区域1"的内容表示本步骤完成。最后在"允许用户编辑区域"对话框上点击"确定"完成设置，如图 12-28 所示。

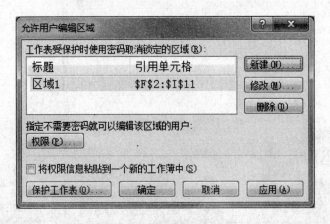

图 12-28　允许用户编辑区域

如果想要添加或者撤销区域保护的密码，可按照上面设置区域保护密码的方法弹出 "允许用户编辑区域"对话框。在该对话框中单击"保护工作表"按钮，弹出"保护工作表"对话框便可进行具体的设置，如图 12-29 所示。

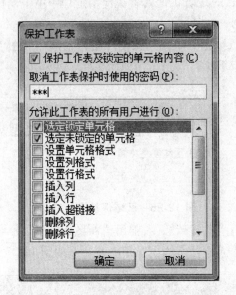

图 12-29　保护工作表内容设置

练习 1. 试新建一个 Excel 文档，设置内部区域保护和外围密码。

2. 筛选功能补充

筛选功能的主要作用是快速显示出表格中符合条件的信息，以方便用户对相关数据进行比较和查阅。从图 12-1 中可见，设置了筛选功能的单元格其右侧都有一个可展开的三角符号，点击该符号即可对表格数据按照该单元格的条件进行排序和筛选，图 12-30 所示为单击本任务表格"盈利率"单元格的筛选按钮后显示的内容。

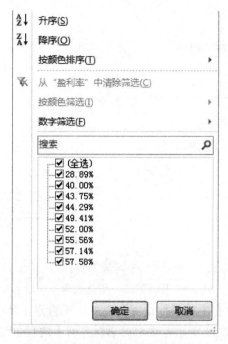

图 12-30　筛选按钮选项

根据单元格所包含内容的具体格式，在筛选按钮选项中又分为了"数字筛选"和"文本筛选"。如图 12-30 是按"盈利率"设置的筛选条件，这是以百分比格式显示的信息，所以展开后的命令中是"数字筛选"；如果按"进货量 "来作为筛选条件的话，那么筛选按钮展开之后就是"文本筛选"，如图 12-31 所示。

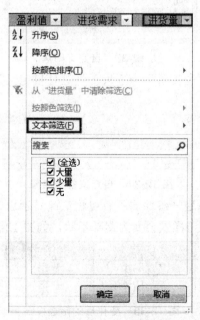

图 12-31　文本筛选

但是，不管点击筛选按钮展开后看到的是"数字筛选"还是"文本筛选"，这个选项都是可以展开进行更详细的条件设置的，如图 12-32 所示。

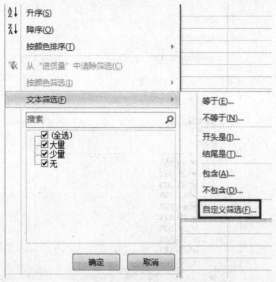

图 12-32　筛选选项

在展开的下一级菜单中有各种条件设置的命令，不管点击哪个命令都会弹出"自定义筛选方式"的对话框，如图 12-33 所示，这个对话框有助于进行更细致的条件设置。

图 12-33　自定义筛选

比如，在本任务中按照"进货量"为"大量"进行自定义筛选操作之后，表格的结果显示就如图 12-34 所示。

	A	B	C	D	E	F	G	H	I	J	K
1					货物销售情况记录						
2	编号	材料名称	进价	库存	报价	销量	盈利率	营业额	盈利值	进货需求	进货量
5	3	工程电筒	33	50	45	45	28.89%	2025	585	需补进	大量
9	7	班台椅	86	30	170	27	49.41%	4590	2268	需补进	大量

图 12-34　自定义筛选结果

这样就能将进货表中满足这一条件的所有货物情况显示出来进行比较和查阅了。被设置为筛选条件的单元格其右侧按钮样式会变为漏斗形状，如图 12-35 所示。

进货需求	进货量
需补进	大量
需补进	大量

图 12-35　变化后的筛选按钮

如果在表格编辑过程中想要还原表格，即删除表格中按某个条件设置的筛选，只需要点击表格中该单元格的筛选按钮，在弹出的菜单中选择清除筛选就可以了。比如需要删除"进货量"为"大量"设置的筛选条件时，可以单击"进货量"单元格右侧的漏斗样式的按钮，在弹出的菜单中选择"从'进货量'中清除筛选"命令即可，如图 12-36 所示。

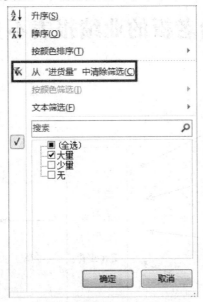

图 12-36　清除筛选

在多个表头具有筛选功能的情况下，可以就某一个单项设置条件进行数据筛选显示，也可以通过两个或多个表头单元格的共同设置来进行筛选显示。

"货物销售情况记录"表中通过"销量"为"大于 24"和"进货需求"为"需补进"两个条件筛选出来的结果，如图 12-37 所示。

	A	B	C	D	E	F	G	H	I	J	K
1	货物销售情况记录										
2	编号	材料名称	进价	库存	报价	销量	盈利率	营业额	盈利值	进货需求	进货量
3	1	钥匙毛坯	6	100	10	50	40.00%	500	200	需补进	少量
4	2	高级火机	15	50	35	36	57.14%	1260	720	需补进	少量
5	3	工程电筒	33	50	45	45	28.89%	2025	585	需补进	大量
9	7	班台椅	86	30	170	27	49.41%	4590	2268	需补进	大量

图 12-37　设置两个筛选条件

此时，如果再对进货量筛选条件设置为"大量"的话，通过交叉筛选的结果就只剩下"工程电筒"和"班台椅"了，如图 12-38 所示。

	A	B	C	D	E	F	G	H	I	J	K
1	货物销售情况记录										
2	编号	材料名称	进价	库存	报价	销量	盈利率	营业额	盈利值	进货需求	进货量
5	3	工程电筒	33	50	45	45	28.89%	2025	585	需补进	大量
9	7	班台椅	86	30	170	27	49.41%	4590	2268	需补进	大量

图 12-38　设置多个筛选条件

筛选功能是 Excel 软件强大的另一表现因素，通过筛选可以进行统计与市场分析，具有数据库中查询的功能，对提高工作效率具有很积极的促进因素。

练习 2. 试在本次任务中练习筛选功能，取得想要显示的结果。

任务十三　给老板的业绩报表不光只有数据！

一、知识结构

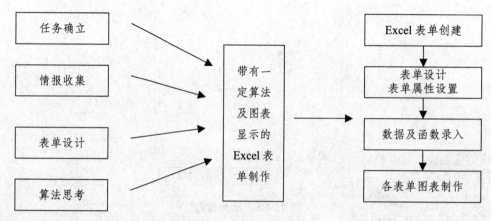

图 13-0　本任务内容结构

二、任务内容

本次任务要求针对某公司销售员的销售情况创建图表来进行统计分析，据此调查销售员的业务能力，效果如图 13-1 所示。Excel 2010 系统本身自带有多种图表类型，只需根据实际情况进行选择即可。图表创建后，可以根据需要调整图表的大小和位置，更改图表所引用的数据区域，更改图标布局和图表样式。

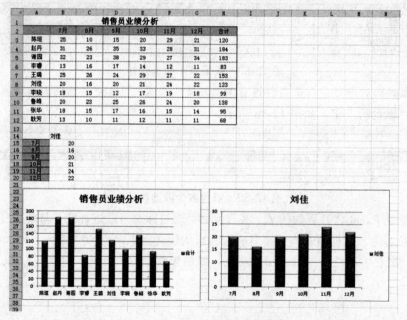

图 13-1　任务十三效果示意图

三、操作演示

1. 创建图表

图表的创建是本次任务的重点，在 Excel 2010 中创建图表的方法比较简单，在"插入"选项卡"图表"组中单击一种图表类型的按钮，即可插入对应类型的图表，如图 13-2 所示。

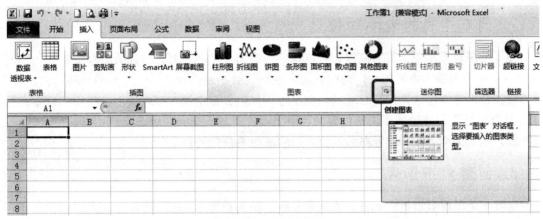

图 13-2　图表的插入

或者单击"图表"组右下侧的按钮，如图 13-2 所示，弹出"插入图表"对话框，里面含有 Excel 2010 系统本身自带的多种图表类型，包括柱形图、折线图、饼图、条形图等 11 类，分别以点、线、平面、立体等组成，对于不同使用环境有着恰到好处的表现，有不同类型的多种图表可供选择使用，如图 13-3 所示。

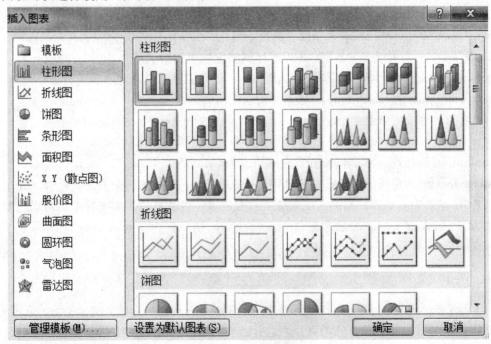

图 13-3　图表类型

具体使用什么图表类型没有特别的讲究，都是根据经验而定的一种"惯性"，目的只为能更好更直观地表现出结果。比如，针对某几种产品同一时期的销量展现推荐使用柱状图；针对某一种产品在不同月份的销售情况表现则推荐使用折线图，针对几种产品某时期内销售数量所占的比例时推荐使用饼状图。需要避忌的是在同一个图表内表现多种数据形式，即制作图表时最好能专项专图，否则会因为数据的差异性较大而导致做出来的图表乱七八糟。

2. 调整图表的大小和位置

为了使图表显示在合适的位置，可以调整图表的大小和位置，操作方式如下：

① 选中要调整大小的图表，此时图表区的四周会出现控制点，将鼠标指针移动到图表右下角，按住左键并拖动鼠标到合适的位置，最后释放鼠标左键即可实现图表大小的调整。

② 将鼠标指针移动到要调整位置的图表上，此时鼠标指针变成十字箭头状，按住鼠标左键不放，拖动鼠标到合适位置释放左键即可实现图表位置的移动。

3. 创建动态图表

有时为了迅速对销售情况进行统计和分析，还需要制作动态的图表，使用"VLOOKUP"函数可以制作简单的动态图表。"VLOOKUP"函数的功能是在表格数组的首列查找指定的值，并由此返回表格数组当前行中其他列的值。"VLOOKUP"函数的格式为：VLOOKUP（lookup_value，table_array，col_index_num，range_lookup）。

Lookup value 为需要在表格数组第一列中查找的数值。Lookup_value 可以为数值或引用。若 lookup value 小于 table array 第一列中的最小值，"VLOOKUP"返回错误值#N/A。

Table_array 为两列或多列数据，使用对区域或区域名称的引用。table_array 第一列中的值是由 lookup_value 搜索的值，这些值可以是文本、数字或逻辑值，文本不区分大小写。

Col_index_num 为 table_array 中待返回的匹配值的列序号。Col_index_num 为 1 时，返回 table_array 第一列中的数值；col_index_num 为 2 时，返回 table_array 第二列中的数值，以此类推。如果 col_index_num 小于 1，"VLOOKUP"返回错误值#VALUE!，如果 col_index_num 大于 table array 的列数，"VLOOKUP"返回错误值#REF!。

Range lookup 为逻辑值，指定希望"VLOOKUP"查找精确的匹配值还是近似匹配值。如果为 TRUE 或省略，则返回精确匹配值或近似匹配值。也就是说，如果找不到精确匹配值，则返回小于 lookup_value 的最大数值。table array 第一列中的值必须以升序排序；否则"VLOOKUP"可能无法返回正确的值。

4. 具体操作步骤

（1）创建 Excel 表单，在 sheet1 工作表的 A1:H12 单元格区域内输入表单数据，通过 Excel 函数功能计算出 H 列"合计"的数据，并进行适当的格式编辑，如图 13-4 所示，然后以"销售员业绩分析表"为文件名，将表单保存在桌面上以自己名字命名的文件夹中。

	A	B	C	D	E	F	G	H
1	销售员业绩分析							
2		7月	8月	9月	10月	11月	12月	合计
3	陈垣	25	10	15	20	29	21	120
4	赵丹	31	26	35	33	28	31	184
5	谢园	32	23	38	29	27	34	183
6	李睿	13	16	17	14	12	11	83
7	王璐	25	26	24	29	27	22	153
8	刘佳	20	16	20	21	24	22	123
9	李晓	18	15	12	17	19	18	99
10	鲁峰	20	23	25	26	24	20	138
11	张华	18	15	17	16	15	14	95
12	耿芳	13	10	11	12	11	11	68

图 13-4　销售员业绩分析

（2）选中单元格区域 H2:H12，切换到"插入"选项卡，单击"图表"组中的"柱形图"按钮，在弹出的下拉列表中选择"二维柱形图"中的"簇状柱形图"选项，如图 13-5 所示。

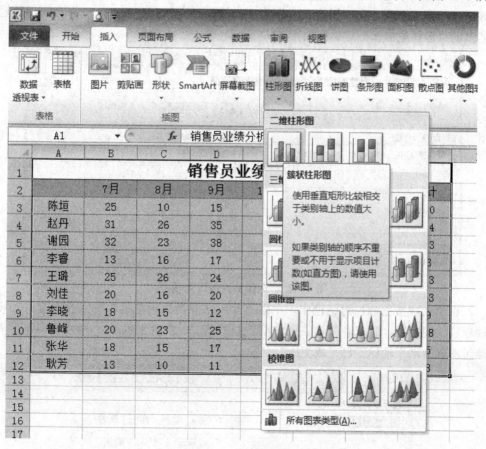

图 13-5　插入图表

此时，即可在工作表中插入一个簇状柱形图，如图 13-6 所示。

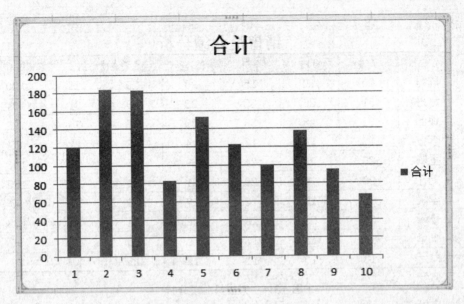

图 13-6　簇状柱形图

（3）将鼠标指针移动到图表上，按住鼠标左键不放，将图表拖至表格下方的适当位置释放左键。然后选中图表，在"图表工具"栏中切换到"设计"选项卡，单击"选择数据"按钮，弹出的"选择数据源"对话框如图 13-7 所示。

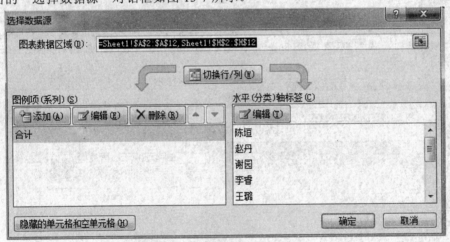

图 13-7　"选择数据源"对话框

（4）在"选择数据源"对话框中，单击"水平（分类）轴标签"下方的"编辑"按钮，在"轴标签区域"文本框内输入=Sheet1!$A$3:$A$12，如图 13-8 所示，单击"确定"按钮返回，这时图表的水平轴标签已完成更改。

图 13-8　"轴标签"对话框

（5）选中图表标题"合计"文本，删除后输入"销售员业绩分析"文本内容，切换到"开始"选项卡，根据需要在"字体"组中进行字体、字形、字号的设置，结果如图13-9所示。

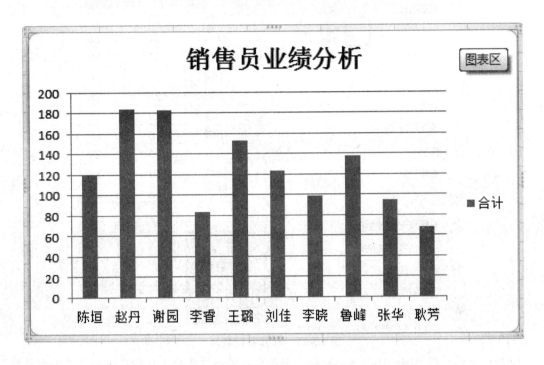

图 13-9　图表引用数据区域、图表标题更改后的效果

（6）选中图表，在"图表工具"栏"设计"选项卡中，展开"图表样式"组，在下拉列表中选择"样式27"选项，如图13-10所示。

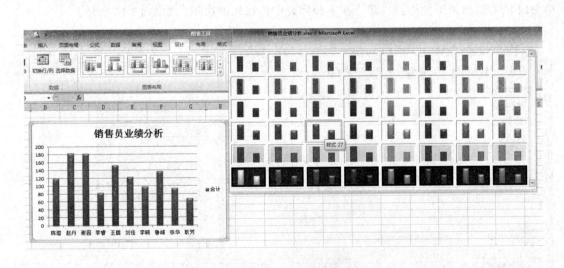

图 13-10　图表样式

（7）复制 sheet1 工作表中 B2:G2 的单元格区域，然后在单元格 A15 上单击鼠标右键，在弹出的快捷菜单中选择"粘贴选项"中第四个（"转置"）菜单项，如图13-11所示。

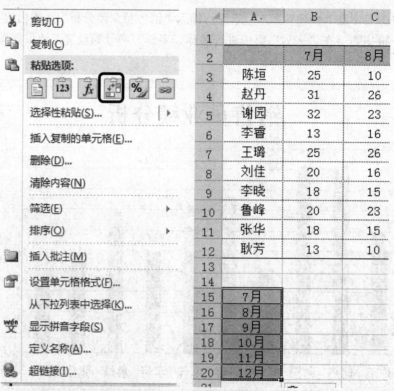

图 13-11 转置粘贴效果

（8）选中单元格 B14，切换到"数据"选项卡，单击"数据工作组"中的"数据有效性"按钮，在弹出的下拉列表中选择"数据有效性"选项，在弹出的"数据有效性"对话框中，切换到"设置"选项卡，在"允许"下拉列表中选择"序列"选项，然后在下方的"来源"文本框中将引用区域设置为"=$A$3:$A$12"，单击"确定"按钮返回工作表，此时，在单元格 B14 的右侧出现下拉按钮，即可在下拉列表中选择相关选项，如图 13-12 所示。

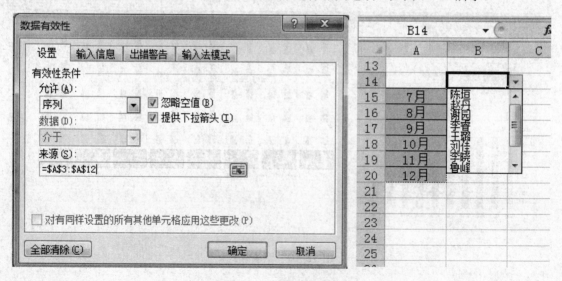

图 13-12 数据有效性

（9）在单元格 B15 中输入函数公式"=VLOOKUP（$B$14，$3:$12，ROW（）-13，0）"，

然后将公式填充到单元格区域 B16:B20 中。单击单元格 B14 右侧的下拉按钮，在弹出的下拉列表中选择相应的姓名选项，就可以横向查找出 A 列对应的数值了，如图 13-13 所示。

14		刘佳
15	7月	20
16	8月	16
17	9月	20
18	10月	21
19	11月	24
20	12月	22

图 13-13　VLOOKUP 函数计算结果

（10）选中单元格区域 A14:B20，选择"插入"选项卡"图表"组"柱形图"中的"簇状柱形图"选项，完成动态图表的创建。此时，在单元格 B14 中选择某一个姓名时，图表将对应发生变化，如图 13-14 所示。

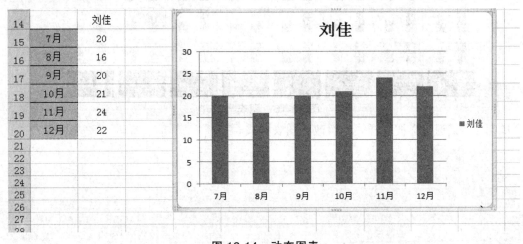

图 13-14　动态图表

到此，本次任务结束，通过本次任务可以学会如何制作一个带有图表展示的数据表格报表。

四、拓展练习

1. 更改图表布局

在 Excel 2010 中，可以对图表布局重新进行设计。选中图表后，在 Excel 2010 的窗口中会出现"图表工具"栏，切换到"设计"选项卡，在展开的"图表布局"组中有多种布局样式可供选择，如图 13-15 所示。

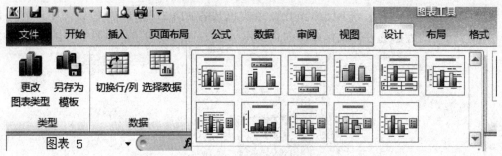

图 13-15 图表布局

练习 1. 试通过"图表布局"组改变图表布局。

2. 更改图表样式

Excel 2010 提供了很多图表样式,在"图表工具"栏"设计"选项卡中,展开"图表样式"组,可以从中选择合适的样式来美化图表,如图 13-16 所示。

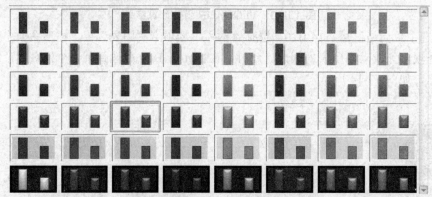

图 13-16 图表样式

练习 2. 试通过"图表样式"组改变图表样式。

任务十四　针对某产品的市场评估报告

一、知识结构

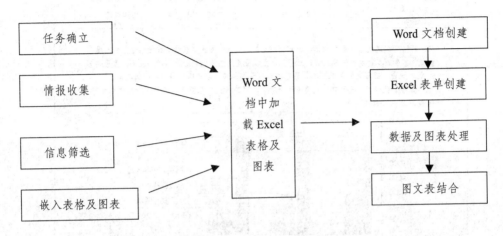

图 14-0　本任务内容结构

二、任务内容

现在很多企业单位都会做出类似图 14-1 所示的商品调研报告，假如通篇文章都是以文字形式来描述，那么表现出来的说服力明显就不如图 14-1 所给出的示例强。本次的任务就是利用 Office 系列软件的相互连通性，合理地使用 Word 和 Excel，共同打造出时尚感强、表现力强、说服力强的优秀报告，具体效果如图 14-1 所示。

三、操作演示

1．搜集资料

在准备制作报告之前，首先要确定本次报告的具体内容，主要汇报对象是谁，主要的报告目的是什么，主要针对的产品是什么，主要针对该产品的什么属性来进行调研，需要准备一些什么样的资料和数据，从而为报告的完成奠定坚实的基础。可以拟定生活中常见的某项产品作为调研对象，例如手机、电话卡、充值卡、笔记本、无线网络适配器、U 盘等。

比如：本次任务选定的产品为一个实用新型的专利项目产品——像素化活体广告装置；而本次报告的主要汇报对象为拥有广告位使用权的广告商人；目的在于向广告商人推广本产品或者招商引资；主要针对的是本产品在使用过程中与其他同类异种产品的市场效益比较；准备数据包括：本产品与其他产品的展示篇幅差异，商家成本价，顾客成本价，商家月收益，商家月利润等；分析图表主要针对：商家的成本比较示意，顾客的成本比较示意，商家的利润比较示意。

像素化活体广告装置的优势与其他同行业类似产品的比较

编号	产品	展示篇幅（张）	商家成本（元）	使用时间（月）	顾客成本（元）	成本比较	商家月收益	商家月利润
1	单幅广告	1	4000	3	3000	100%	3000	166.67
2	三面翻广告	3	6000	3	2000	67%	6000	1000
3	像素化活体广告	10	7000	3	1000	33%	10000	2666.67

图 1

我们可以通过图1表格看到各种数据的比较：单幅广告的商家成本最低，对应的利润也最低，但是顾客的成本最高，本产品的商家成本最高，但是对应的利润确实最高，而且顾客的成本最低；三面翻的商家成本、顾客成本以及利润都是在单幅广告于本产品之间。

由图2我们可以更为直观的看到这个效果，商家的成本在提升的同时，利润也在提升，但是顾客的成本在下降。

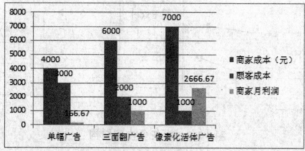

图 2

通过仔细的观察，我们可以看到一个很有意思的东西，加入我们通过图像软件将商家成本与商家利润用曲线来描绘的化，那么可以得到如图3表现的结果，即成本的递增属于低指数上升趋势，而利润确实呈高指数上升趋势，也就是说，我们在小幅度提升成本的同时可以获得爆炸式的收益，投入越多，收益越大，而成本都不是成倍增加的。

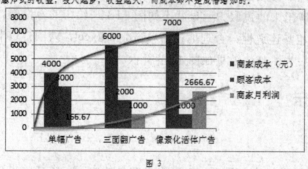

图 3

图 14-1 带有报表及图表内容的报告

2. 具体操作步骤

（1）创建 Word 文档，以"某产品的市场调研文档报告"为题目保存在桌面上以自己名字命名的文件夹中。然后在该文档中输入文本内容，输入完成后设置文本格式，标题文字格式设置为"黑体"、"三号"、"加粗"、"居中"显示，正文字体格式设置为"仿宋 GB_2312"、"五号"，设置正文各段"首行缩进""两个字符"，在可能出现插图的地方标明图号，并提行处理留出图片插入的空间，"Ctrl+s"保存备用，如图 14-2 所示。

像素化活体广告装置的优势与其他同行业类似产品的比较

图 1

我们可以通过图 1 表格看到各种数据的比较：单幅广告的商家成本最低，对应的利润也最低，但是顾客的成本最高，本产品的商家成本最高，但是对应的利润确实最高，而且顾客的成本最低；三面翻的商家成本、顾客成本以及利润都是在单幅广告于本产品之间。

由图 2 我们可以更为直观的看到这个效果，商家的成本在提升的同时，利润也在提升，但是顾客的成本在下降。

图 2

通过仔细的观察，我们可以看到一个很有意思的东西，加入我们通过图像软件将商家成本与商家利润用曲线来描绘的化，那么可以得到如图 3 表现的结果，即成本的递增属于低指数上升趋势，而利润确实呈高指数上升趋势。也就是说，我们在小幅度提升成本的同时可以获得爆炸式的收益，投入越多，收益越大，而成本却不是成倍增加的。

图 3

图 14-2　Word 文档的创建与编辑

（2）创建 Excel 表格，以"某产品的市场调研相关表格"为题目保存在桌面上以自己名字命名的文件夹中，然后输入表格数据，如图 14-3 所示。在输入数据前，要罗列好数据资料，做好填表前的表格设计，内容要包括数据原始资料、数据统计结果、详细分析对象、可提供的图表等展示内容。

	编号	产品	展示篇幅（张）	商家成本（元）	使用时间（月）	顾客成本	成本比较	商家月收益	商家月利润
1									
2	1	单幅广告	1	4000	3	3000	100%	3000	166.67
3	2	三面翻广告	3	6000	3	2000	67%	6000	1000
4	3	像素化活体广告	10	7000	3	1000	33%	10000	2666.67
5									

图 14-3　Excel 表格的创建及编辑

🐣 温馨提示

表格中部分内容的计算方法：

商家月收益=顾客成本*顾客使用篇幅；

商家月利润=商家月收益-商家成本的月分摊数据

对于图表的创建方法，在上一个任务中曾建议，尽量不在一个图标内表现过多的内容。但是在某些特定的场合，比如本次任务中，商家成本、顾客成本以及商家利润这三组数据的类型相同、数值接近、相互关联性也特别强，对于查看报表的商务对象，其关注点也正好集中在这上面，所以，可以考虑在同一个图表内表现出三组数据。

（3）在数据录入完成并利用函数得到计算结果之后，选中单元格区域 B1:I4，切换到"插入"选项卡，单击"图表"组中的"柱形图"按钮，在弹出的下拉列表中选择"二维柱形图"

中的"簇状柱形图"选项，即在工作表中插入了一个簇状柱形图，如图 14-4 所示。

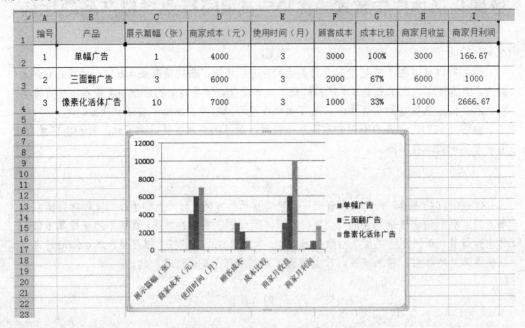

	A	B	C	D	E	F	G	H	I
1	编号	产品	展示篇幅（张）	商家成本（元）	使用时间（月）	顾客成本	成本比较	商家月收益	商家月利润
2	1	单幅广告	1	4000	3	3000	100%	3000	166.67
3	2	三面翻广告	3	6000	3	2000	67%	6000	1000
4	3	像素化活体广告	10	7000	3	1000	33%	10000	2666.67

图 14-4　图表的创建

温馨提示

对于系统自动产生的图表，其表现形式不一定能满足实际要求，因此，需要对创建的图表进行适当的编辑，以符合报告的设计想法与实际成效。

（4）在"图表工具"栏"设计"选项卡中，单击"选择数据"按钮，在弹出的"选择数据源"对话框里，首先单击"切换行/列"按钮，切换图表的行列，然后对图表的"图例项"进行修改，删除"展示篇幅（元）"、"使用时间（月）"、"成本比较"、"商家月收益"几个选项，如图 14-5 所示。

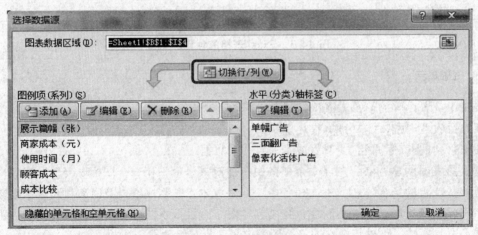

图 14-5　选择数据源

（5）单击"确定"按钮返回工作表，编辑后的图表效果如图 14-6 所示。

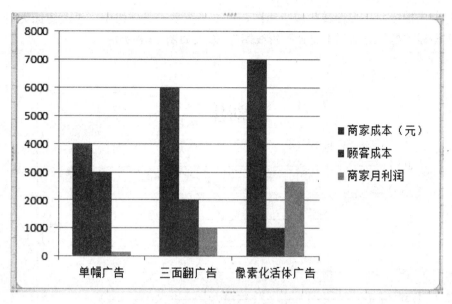

图 14-6　编辑后的图表效果

（6）在 Excel 中选中表格数据所在的单元格区域或已经制作的图表，右键选择"复制"，转到 Word 文档界面，在指定的位置点击右键选择"粘贴"，即可依次完成 Excel 表格或图表的导入。对表格的格式进行必要的编辑，并适当调整图表的大小和位置，以保证文档格式的整体性和规范性，如图 14-7 所示。

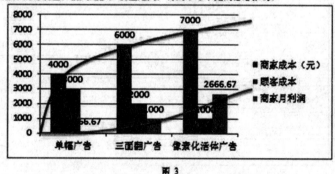

图 14-7　粘贴后的图表效果

到此，本次任务结束，为特定的用户制作了一份图、文、表俱全的优秀报告完成。

四、拓展练习

1. 平滑折线的设置

使用折线制图时，用户可以通过设置平滑拐点使其看起来更加美观。以任务十三中的图表为例，首先把簇状柱形图转化成折线图，单击"图表工具"组中"更改图标类型"按钮，在"更改图标类型"对话框中选择"折线图"，效果如图14-8所示。

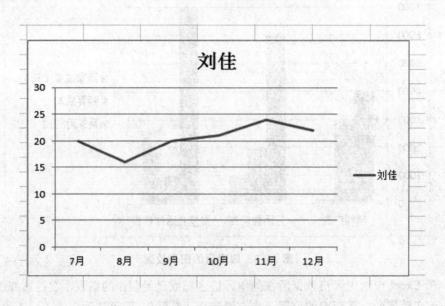

图 14-8　动态图表

然后，选中图表中的"折线"，在选中的"折线"上单击鼠标右键，在弹出的快捷菜单中选择"设置数据系列格式"菜单项，如图14-9所示。

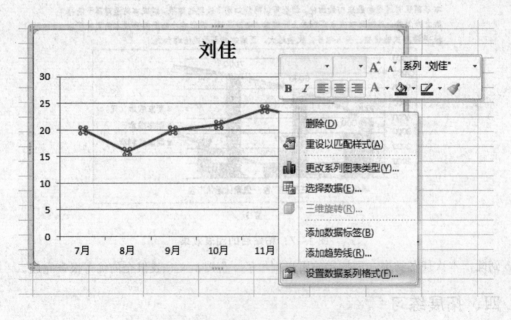

图 14-9　"设置数据系列格式"菜单

在弹出的"设置数据系列格式"对话框中，切换到"线型"选项卡，然后选中"平滑线"复选框，如图14-10所示。

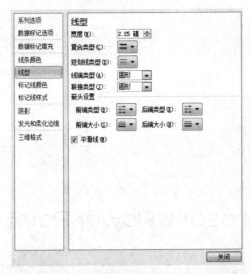

图 14-10 "设置数据系列格式"对话框

单击"关闭"按钮返回工作表,平滑折线设置完成,效果如图 14-11 所示。

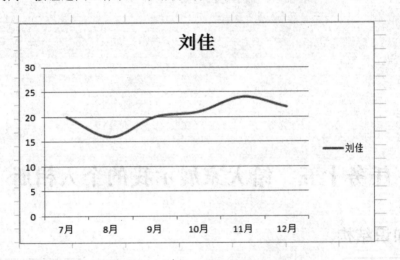

图 14-11 平滑折线设置效果图

练习 1. 将任务十四中的图表更改成"折线"类型,并设置成平滑折线。

Microsoft PowerPoint 篇

任务十五　给大家展示我的个人相册

一、知识结构

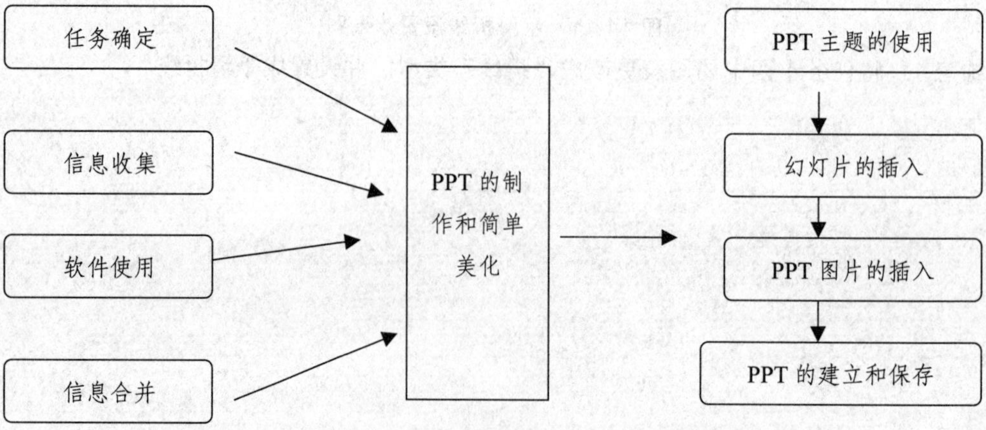

图 15-0　本任务内容结构

二、任务内容

本次任务为制作某足球运动员个人相册的 PPT 文档，其中要使用软件自身提供的主题，并在 PPT 中插入图片，把制作好的 PPT 保存在指定位置，任务如图 15-1 所示。

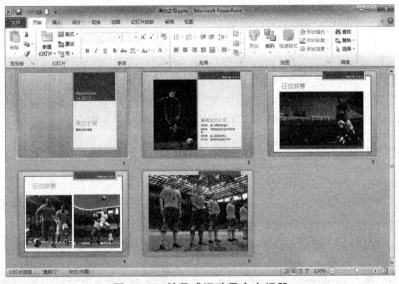

图 15-1 某足球运动员个人相册

三、操作演示

1. 启动 PowerPoint 2010

在 Windows 系统中成功安装 Microsoft Office 2010 以后，可以使用以下方法启动 PowerPoint 2010 。

方法一："开始"菜单启动。鼠标单击"开始"菜单，打开"所有程序"文件夹，在弹出的子菜单中，单击展开"Microsoft Office"选项，如图 15-2 所示。单击最右侧子菜单中的"Microsoft PowerPoint 2010"项，即可启动 PowerPoint 2010 软件。

方法二：利用快捷方式打开。如果在"开始"菜单或桌面上已经建立了 PowerPoint 2010 的快捷方式，可以直接双击启动 PowerPoint 2010 软件。

2. 退出 PowerPoint 2010

退出 PowerPoint 2010 的方法非常简单，通常使用以下四种：

图 15-2 PowerPoint 2010 的启动

① 直接单击 PowerPoint 2010 窗口右上方的"关闭"按钮；

② 使用快捷键"Alt+F4"；

③ 选择"文件"选项卡中的"退出"选项，如图 15-3 所示；

图 15-3　PowerPoint 2010 的退出

④ 用鼠标双击 PowerPoint 2010 窗口标题栏左上角的控制菜单图标。

3. PowerPoint 2010 窗口界面的讲解

PowerPoint 2010 的工作界面主要由标题栏、选项卡、面板、大纲/幻灯片窗格、编辑窗口、备注栏和状态栏等部分组成，PowerPoint 2010 的各种功能整齐地分布在各自所属的大选项卡中，这使得在操作需要的时候使用相关延伸功能更加方便。

PowerPoint 2010 的选项卡包含了以前 PowerPoint 2003 及更早版本中的菜单和工具栏上的命令及其他菜单项，如图 15-4 所示。

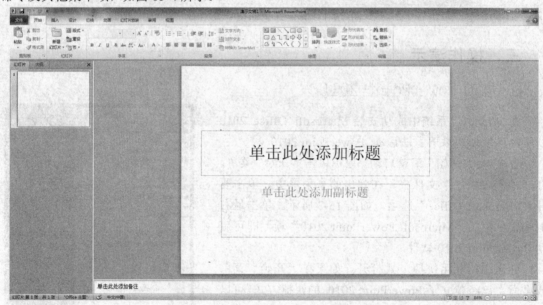

图 15-4　PowerPoint 2010 的工作界面

"文件"选项卡：通过"文件"选项卡中的选项可以创建新文件、打开或保存现有文件、打印演示文稿。

"开始"选项卡：通过"开始"选项卡中的选项可以插入新幻灯片、将对象组合在一起以及设置幻灯片上的文本的格式。

"插入"选项卡：通过"插入"选项卡中的选项可以将表、形状、图表、页眉或页脚插入到演示文稿中。

"设计"选项卡：通过"设计"选项卡中的选项可以自定义演示文稿的背景、主题设计和颜色或页面设置。

"切换"选项卡：通过"切换"选项卡中的选项可以对当前幻灯片应用、更改或删除切换。

"动画"选项卡：通过"动画"选项卡中的选项可以对幻灯片上的对象应用、更改或删除动画。

"幻灯片放映"选项卡：通过"幻灯片放映"选项卡中的选项可以开始幻灯片放映、自定义幻灯片放映的设置和隐藏单个幻灯片。

"审阅"选项卡：通过"审阅"选项卡中的选项可以检查拼写、更改演示文稿中的语言或比较当前演示文稿与其他演示文稿的差异。

"视图"选项卡：通过"视图"选项卡中的选项可以查看幻灯片母版、备注母版、幻灯片浏览，还可以打开或关闭标尺、网格线和绘图指导。

某些命令（例如"剪裁"或"压缩"）位于上下文选项卡上，若要查看上下文选项卡，首先选择要使用的对象，然后检查在功能区中是否显示上下文选项卡。

PowerPoint 2010 具有普通视图、幻灯片浏览视图、备注页视图、幻灯片放映视图（包括演示者视图）、阅读视图、母版视图（幻灯片母版、讲义母版和备注母版）几种视图方式。

如图 15-5 所示，可通过两种方法切换 PowerPoint 2010 的视图方式：

① 通过"视图"选项卡"演示文稿视图"组和"母版视图"组中选项切换。

② 通过 PowerPoint 2010 窗口底部状态栏中的视图按钮来切换。

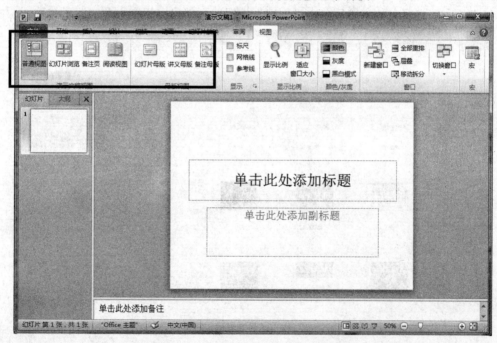

图 15-5　PowerPoint 2010 的视图方式

4. 演示文稿的创建

在启动 PowerPoint 2010 之后就会自动地创建一个空白演示文稿。此外，还可以根据系统自带的模板或主题创建演示文稿。比如现在要创建一个相册，可以做如下操作：

在演示文稿的"文件"选项卡中，选择"新建"选项，出现"可用模板和主题"列表框，如图 15-6 所示。

图 15-6 可用模板和主题

在"可用模板和主题"列表框中选择"主题"，PowerPoint 2010 提供多种主题可供使用，如图 15-7 所示，选择一种主题后单击"创建"按钮即可创建出相应主题的演示文稿。

图 15-7 主题

5. 演示文稿的保存

演示文稿在制作过程中应及时地进行保存，以免因停电或没有制作完成就误将演示文稿关闭而造成不必要的损失。演示文稿的保存操作与 word 文档、excel 电子表格的保存操作一样，可通过选择"文件"选项卡中的"保存"选项来保存演示文稿，若演示文稿为新建，则需要进一步在"另存为"对话框中设置好演示文稿的保存位置、文件名、保存类型等信息要素，如图 15-8 所示。

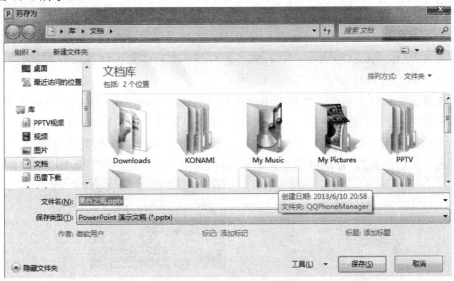

图 15-8 "另存为"对话框

6. 幻灯片的插入与删除

默认情况下，新建的演示文稿只有一张幻灯片，如果演示文档内容比较多，单靠一个幻灯片是无法完成的，这就需要插入新的幻灯片。首先应注意新幻灯片需插入到什么位置。

在"开始"选项卡中展开"新建幻灯片"下拉列表，选择"图片与标题"选项，如图 15-9 所示，这时就新插入了一张幻灯片，新插入的幻灯片默认处于当前已选中的幻灯片的后面。

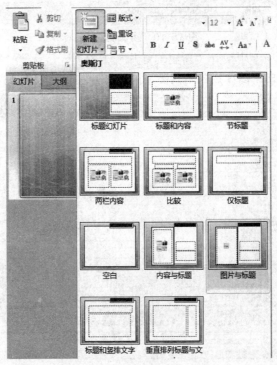

图 15-9 新建幻灯片下拉列表

7. 具体操作步骤

（1）单击"开始"按钮，在"开始"菜单中，选择"所有程序"，在弹出的下一级子菜单中，单击展开"Microsoft Office"选项，单击最右侧子菜单中的"Microsoft PowerPoint 2010"项，新建 PowerPoint 2010 演示文稿。

（2）在演示文稿的"文件"选项卡中，选择"新建"选项，在右侧的"可用模板和主题"列表框中选择"主题"，在"主题"列表框中选择"奥斯汀"，单击"创建"按钮，这时，就创建了一个相册演示文稿，单击标题占位符，此时占位符中出现闪烁的光标效果，在占位符中输入标题"黑白之间"，以同样的方式编辑副标题"鲁峰运动相册"，如图 15-10 所示。

图 15-10　奥斯汀主题

（3）在"开始"选项卡中展开"新建幻灯片"下拉列表，选择"图片与标题"选项，新插入了一张幻灯片，然后再继续插入不同类型的幻灯片三张，如图 15-11 所示。

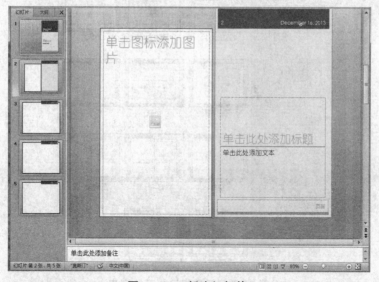

图 15-11　新建幻灯片

（4）选中第二张幻灯片，选择"插入"选项卡"图片"选项，在"插入图片"对话框中确定图片文件的路径，单击"打开"按钮返回，然后在右侧文本框输入相应的文字内容，编辑好的幻灯片如图 15-12 所示。

图 15-12　图片插入

温馨提示

在 PowerPoint 2010 中编辑图片的操作和 Word 2010 相同，通过拖动鼠标的方法调整好图片的大小，并将其定位在幻灯片的合适位置上即可。在定位图片位置时，按住 Ctrl 键，再按动方向键，可以实现图片的微量移动，达到精确定位图片的目的。

（5）继续在后面的空白幻灯片中添加文字以及插入不同的图片，效果如图 15-13、图 15-14、图 15-15 所示。

图 15-13　制作新的幻灯片内容

图 15-14　制作新的幻灯片内容

图 15-15　制作新的幻灯片内容

（6）完成所有设置以后，将幻灯片保存。

到此，本次任务结束，制作出了具有奥斯汀风格的主题相册。

四、拓展练习

1. PowerPoint 2010 母版

使用幻灯片母版的目的是进行全局设置和更改，可以统一设置标题、正文和页脚文本的字体，统一设置文本和对象的占位符位置，统一设置项目符号样式，统一设置背景设计和配色方案。

要查看或修改幻灯片母版，可选择"视图"功能区"母版视图"分组中的"幻灯片母版"按钮显示幻灯片母版视图。可以像更改任何幻灯片一样更改幻灯片母版；但要记住母版上的文本只用于样式，实际的文本（如标题和列表）应在普通视图的幻灯片上键入，如图15-17所示。

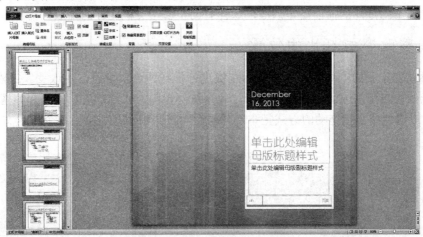

图 15-16　幻灯片母版视图

练习1. 试使用幻灯片母版制作幻灯片。

2. 幻灯片的播放

在"幻灯片放映"选项卡中选择"从头开始"或"从当前幻灯片开始"即可开始放映，也可通过PowerPoint 2010窗口底部状态栏中的"幻灯片放映"按钮来放映幻灯片，如图15-17所示。

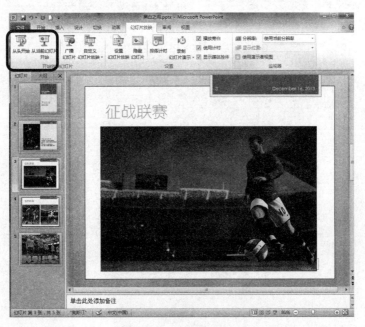

图 15-17　幻灯片的放映

练习 2. 试使用"幻灯片放映"按钮来放映幻灯片。

3. 幻灯片的删除

选中想要删除的幻灯片，在其上面点右键，找到"删除幻灯片"并执行，即可删除。

演示文稿中的幻灯片，可以随意改变它们之间相对的位置，即可以调整某个幻灯片所处的位置是在哪个幻灯片的前面还是后面，这样有助于演示文稿文件的播放。

4. 调整改变幻灯片的位置

选中要改变位置的幻灯片，按住鼠标左键进行拖动即可实现位置的改变。当然，只能在幻灯片显示的栏目那里或者是切换到"幻灯片浏览"视图方式才能进行幻灯片的拖动操作。

练习 3. 请使用鼠标拖动的方式把本次任务的第三张幻灯片调整到整个演示文稿的最后。

任务十六　记录我的校园生活

一、知识结构

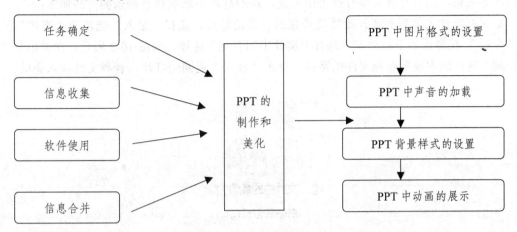

图 16-0　本任务内容结构

二、任务内容

制作"我的校园生活"演示文稿，在演示文稿中加载音频，制作一个视听效果完整的 PPT 展示文档，保存到指定位置，图 16-1 即为该内容的效果展示。

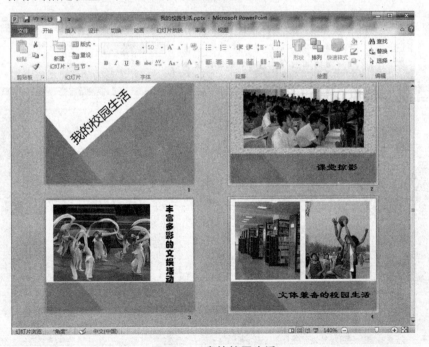

图 16-1　我的校园生活

三、操作演示

1. 音频的插入

在制作多媒体课件时，经常要添加音频和视频元素。一个好的幻灯片，如果缺少了声音和视频等效果，幻灯片就显得有些美中不足。在幻灯片中添加背景音乐的方法如下：

把鼠标指针定位到需要开始播放音频的一页幻灯片，选择"插入"选项卡"媒体"栏中的"音频"，在弹出的下拉列表中选择"文件中的音频"选项，如图16-2所示，在弹出的"插入音频"对话框中确定音频文件的路径，单击"插入"返回幻灯片，音频文件插入完成。

图 16-2　插入音频框

2. 具体操作步骤

（1）启动 PowerPoint 2010，在第一张幻灯片里输入标题，如图16-3所示。

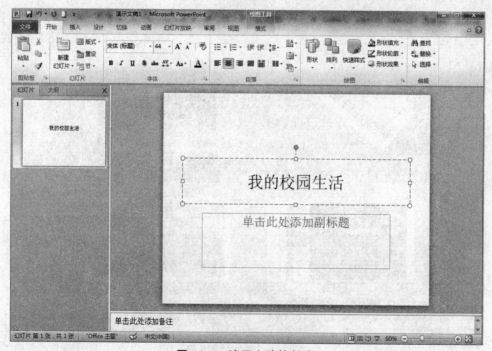

图 16-3　演示文稿的创建

174

（2）在"设计"选项卡"主题"栏中选择"角度"主题，如图16-4所示。

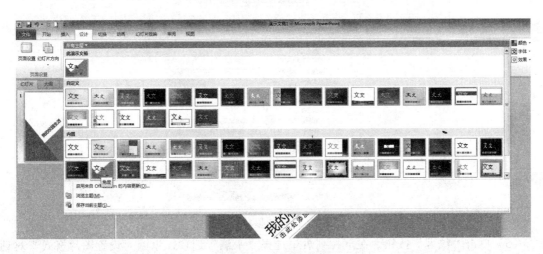

图16-4　角度主题

（3）在"开始"选项卡中单击"新建幻灯片"按钮，在新幻灯片中插入校园生活的相应图片，并调整图片的大小和位置等，如图16-5所示。

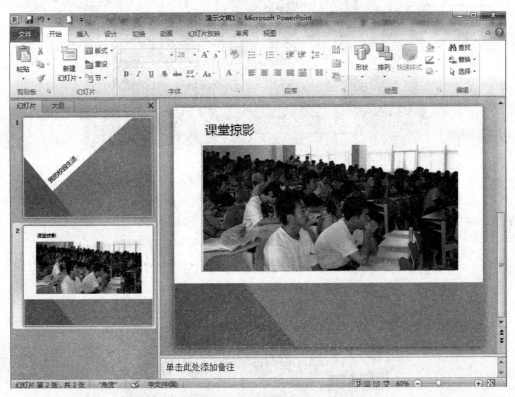

图16-5　插入相关相片并调整尺寸和位置

（4）选择"设计"选项卡"背景"栏中"背景样式"下拉列表的"设置背景格式"选项，弹出"设置背景格式"对话框，切换到"填充"选项卡，然后选中"图片或纹理填充"单选钮，如图16-6所示。

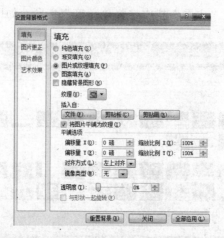

图 16-6　设置背景格式对话框

（5）单击"纹理"按钮，在下拉列表中选择"水滴"选项，返回"设置图片格式"对话框，单击"关闭"按钮，当前幻灯片背景效果如图 16-7 所示。

图 16-7　水滴纹理背景效果

（6）继续插入新幻灯片，并对每一张幻灯片的文字进行编辑美化，重新设置文字的字体和字号，调整文本框的位置，效果如图 16-8 所示。

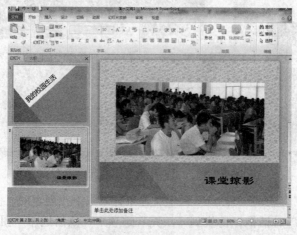

图 16-8　美化文字

176

（7）把鼠标指针定位到第三张幻灯片，选择"插入"选项卡"媒体"栏中的"音频"，在弹出的下拉列表中选择"文件中的音频"选项，在弹出的"插入音频"对话框中确定音频文件的路径，如图 16-9 所示。

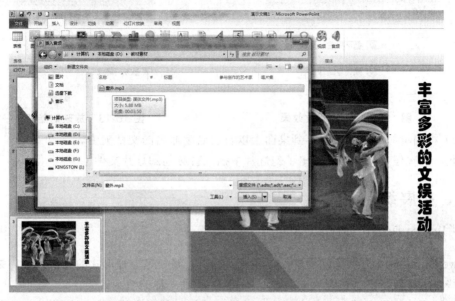

图 16-9 插入音频对话框

（8）单击"插入"按钮返回幻灯片，幻灯片效果如图 16-10 所示。

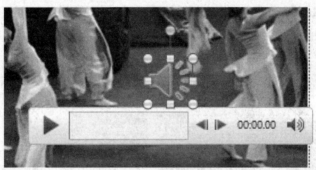

图 16-10 音频插入后效果

（9）接下来切换到"音频工具"栏"播放"选项卡中，展开"音频选项"中的"开始"下拉列表，选择"单击时"选项，则放映时单击音频符号才开始播放音乐，如图 16-11 所示。

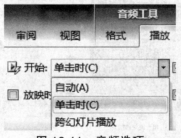

图 16-11 音频选项

（10）可以通过"循环播放，直到停止"以及"播放完返回开头"复选框来设置音频播放的效果，如图 16-12 所示。

（11）背景音乐插入后，在放映时会有一个图标，如果不想显示该图标，则选中"放映时隐藏"复选框即可，如图 16-13 所示。

图 16-12　音频播放效果　　　　　　　　　　图 16-13　放映时隐藏

（12）将编辑好的幻灯片保存到桌面上以自己名字命名的文件夹中。

到此，本次任务结束，制作出了幻灯片中插入音频的幻灯片文件。

四、拓展练习

1. PowerPoint 2010 的动画效果

PowerPoint 2010 提供了包括进入、强调、退出、路径等多种形式的动画效果，为幻灯片添加这些动画特效，可以使演示文稿实现和 Flash 动画一样的炫动效果。

切换到"动画"选项卡，单击"添加动画"按钮，然后在展开的下拉菜单中就可以设置进入、强调、退出等动画效果，如图 16-14 所示。

图 16-14　动画效果的设置

练习 1. 为幻灯片中的文本框和图片添加进入动画效果。

任务十七　向上级领导的工作汇报

一、知识结构

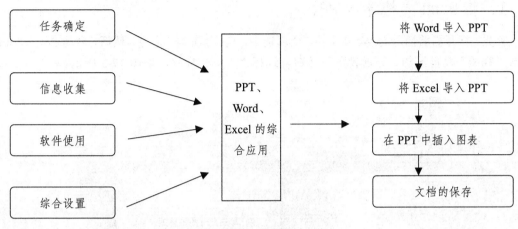

图 17-0　本任务内容结构

二、任务要求

本次任务为综合利用 Word、Excel 和 PPT 软件，为某公司销售部门制作销售业绩汇报，最终效果如图 17-1 所示。

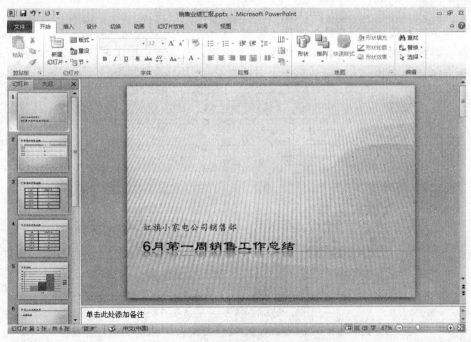

图 17-1　销售业绩汇报演示文稿

三、操作演示

平时工作中收集到的材料一般都是以 Word 文档或者 Excel 电子表格文件的形式出现，为了更便于将汇报的工作进行演示，一般都会以 Word 文档或者 Excel 电子表格文件做为基础，在 PPT 中加入文字和表格，设计用于汇报的 PPT 材料。

1. 将 Word 文档导入 PPT

首先，打开需要插入的 Word 文档，全部选中，执行"复制"命令。然后，启动 PowerPoint，单击"视图"功能区的"普通视图"按钮，选择"大纲"标签，如图 17-2 所示。

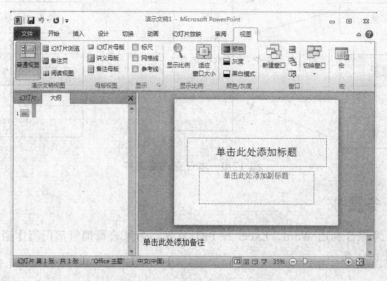

图 17-2　PowerPoint 大纲视图

将光标定位到第一张幻灯片处，通过键盘"Ctrl+Y"快捷键执行粘贴命令，将 Word 文档中的全部内容插入到第一幻灯片中，如图 17-3 所示。接着可根据需要进行文本格式的设置，包括字体、字号、字型、字的颜色和对齐方式等。

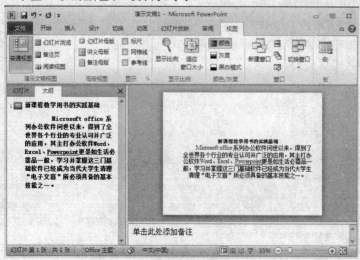

图 17-3　粘贴到幻灯片

接着将光标定位到需要划分为下一张幻灯片处，按回车键即可创建出一张新的幻灯片，如图 17-4 所示。如果需要插入空行，按"Shift+Enter"快捷键。经过调整，便可完成多张幻灯片的制作。

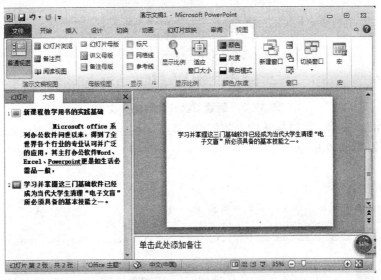

图 17-4　幻灯片分页

当然也可以使用"大纲"视图，利用鼠标拖动操作，进行幻灯片页面的顺序调整。

温馨提示

如果要将 PowerPoint 演示文稿转换成 Word 文档，同样可以利用"大纲"视图快速完成。方法是将光标定位在除第一张幻灯片以外的其他幻灯片的开始处，按"BackSpace"（退格键）键，重复多次，将所有的幻灯片合并为一张，然后全部选中，通过复制、粘贴到 Word 中即可。

2. 将 Excel 表格导入 PPT

方法一：利用"超链接"。

新建空白演示文稿，在空白处输入文字"超链接"，如图 17-5 所示。

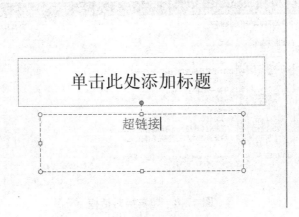

图 17-5　在空白演示文稿中输入文字

新建 Excel 电子表格，输入相关内容并保存在桌面，取名 book1，如图 17-6 所示。

	A	B
1	日期	销售数量（台）
2	6月1日	9
3	6月2日	15
4	6月3日	7
5	6月4日	20
6	6月5日	23

图 17-6　新建 Excel 文档输入文字

打开空白演示文稿，用鼠标选中"超链接"文字，点击鼠标右键出现快捷菜单，选中"超链接"命令，如图 17-7 所示。

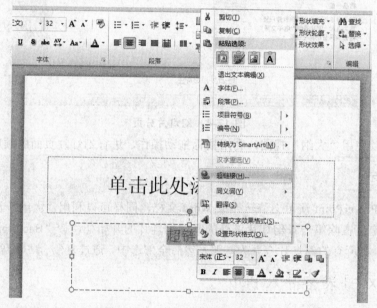

图 17-7　选择"超链接"命令

出现如图 17-8 所示"插入超链接"对话框，选择刚才新建的 book1 文件。

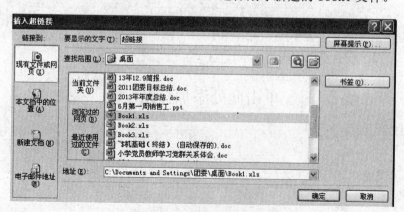

图 17-8　超链接对话框

设置完成后效果如图 17-9 所示，当运行文稿时，点击超链接，PPT 自动打开 book1 文件。

图 17-9 超链接设置效果

方法二：利用复制、粘贴命令。

选中建好的 Excel 表格，复制（或"Ctrl+C"快捷键）相关内容，打开 PPT 演示文稿，在需要插入 Excel 表格的地方，使用粘贴（或"Ctrl+V"）命令，选择保留源格式粘贴（即图 17-10 所示的左数第二个按钮），表格就会出现在文稿的当页中。粘贴后也可以对表格进行字体的设计。

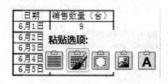

图 17-10 复制粘贴表格到 ppt

3. 在 PPT 中插入表格

新建空白 PPT 文件，选择"插入"菜单，点击"表格"按钮，如图 17-11 所示。

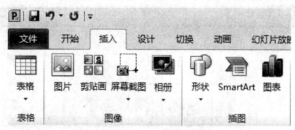

图 17-11 插入表格

出现菜单，可以通过鼠标拖动进行表格行、列的设计，如图 17-12 所示。

图 17-12 插入表格

也可以利用插入表格的命令，输入数字，确定表格的行数和列数，如图 17-13 所示。

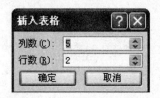

图 17-13 插入表格对话框

4. 在 PPT 中插入图表

新建 PPT 演示文档，选择"插入"功能区"插图"分组中的"图表"按钮，如图 17-14 所示。

图 17-14 插入图表

出现"插入图表"对话框，选择一个样式，点击确认，如图 17-15 所示。

图 17-15 插入图表对话框

点击"确认"按钮后，PPT 文稿出现了柱形图，在 PPT 的旁边出现了一个默认的 Excel 表格，改变表格中的文字或数据，柱形图就会得到相应的改变，如图 17-16 所示。

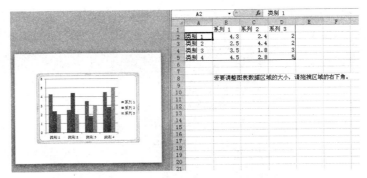

图 17-16 改变柱形图的数据

5. 具体操作步骤

（1）新建 PPT 演示文档，取名为"销售业绩工作汇报"，如图 17-17 所示。

图 17-17 新建"销售业绩工作汇报"

（2）选择"设计"，选中一个样式（本文选择第五个样式），如图 17-18 所示。

图 17-18 选择样式

（3）根据实际情况输入文字，如图 17-19 所示。

图 17-19 输入文字

（4）在幻灯片视图中，选中这张幻灯片，右击鼠标选择"新建幻灯片"。类似操作，新增幻灯片 5 张，如图 17-20 所示。

图 17-20　新建幻灯片

（5）在第二张幻灯片的标题处输入文字"录音笔的销售业绩"，选择"插入表格"的命令，如图 17-21 所示。

图 17-21　选择"插入表格"命令

（6）"行数"选择 6，"列数"选择 2，并输入文字，如图 17-22 所示。

图 17-22　表格中输入文字

💡温馨提示

插入的表格格式设置，可以选中表格，单击鼠标右键，选择"设置形状格式"来设计表格的线条和颜色。表格中的文字的设置，可以选中后，利用 PPT "开始"菜单中的文字格式设置命令进行设置。

（7）在第三张幻灯片的标题处输入文字"加湿器的销售业绩"。打开已经做好的 Excel 表格"加湿器的销售业绩"，如图 17-23 所示。

	A	B	C
1	日期	销售数量（台）	
2	6月1日	9	
3	6月2日	15	
4	6月3日	7	
5	6月4日	20	
6	6月5日	23	

图 17-23　加湿器的销售业绩

（8）选中表格内容，复制后粘贴到第三张幻灯片处。粘贴时注意选择"保留源格式"命令来粘贴。如图 17-24 所示。

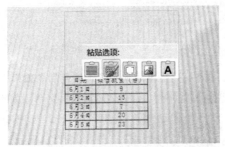

图 17-24　复制粘贴表格

（9）再通过鼠标调整表格的大小，表格中文字的大小，如图 17-25 所示。

加湿器的销售业绩

日期	销售数量（台）
6月1日	9
6月2日	15
6月3日	7
6月4日	20
6月5日	23

图 17-25　第三张幻灯片调整后的效果

（10）在第四张幻灯片的标题处输入文字"电饭煲的销售业绩"，打开已经制作好的 Excel 表格"电饭煲的销售业绩"，如图 17-26 所示。

	A	B
1	日期	销售数量（台）
2	6月1日	52
3	6月2日	32
4	6月3日	16
5	6月4日	24
6	6月5日	19
7		

图 17-26　电饭煲的销售业绩 Excel 表格

（11）按照步骤（5）的方式，设计表格样式，如图 17-27 所示。

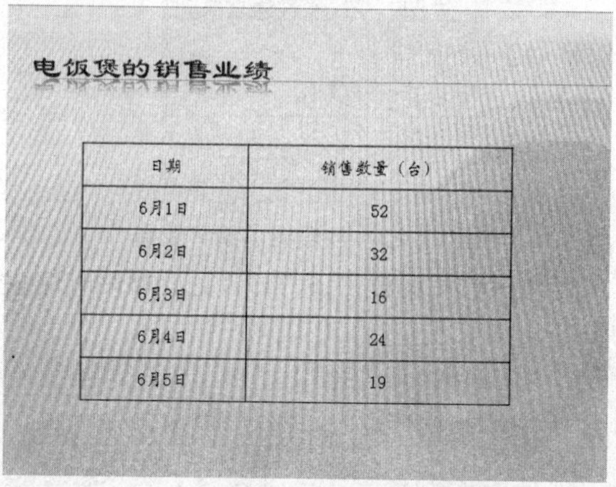

图 17-27　第四张幻灯片调整后的效果

（12）在第五张幻灯片处输入文字"总体情况"，选择"插入图表"，如图 17-28 所示。

图 17-28　插入图表

（13）选择"柱形图"样式，在出现的 Excel 表格中修改数据，如图 17-29 所示。

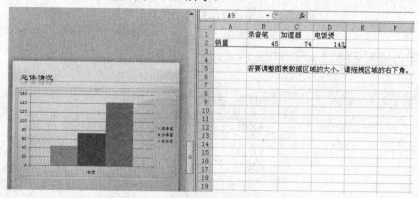

图 17-29　修改数据

（14）设置完成以后，效果如图 17-30 所示。

图 17-30　第五章幻灯片调整后的效果

（15）在第六张幻灯片的标题处输入文字"销售人员业绩排序"，在内容处输入文字"业绩排序"，选中"业绩排序"，如图 17-31 所示。

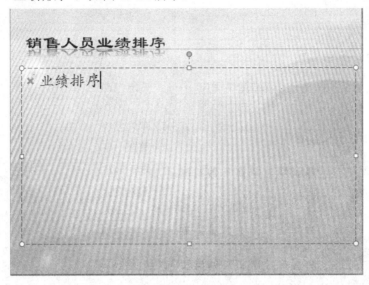

图 17-31　输入文字

（16）单击鼠标右键，设置超链接，选择已经做好的"销售人员业绩"的 Excel 文件，如图 17-32 所示，点击"确定"按钮完成设置。

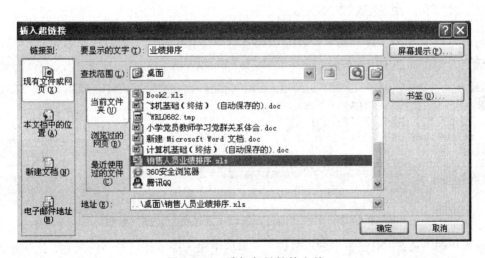

图 17-32　选择超链接的文件

到此，本次任务的内容操作部分讲解完毕。

四、拓展练习

1. 播放 PPT 时，给文字下面做标记

制作完 PPT，在进行幻灯片播放时，在幻灯片处右击，弹出快捷菜单，选择"指针选项"中的"墨迹颜色"中"强调文字颜色 2"颜色值，如图 17-33 所示，即可实现。

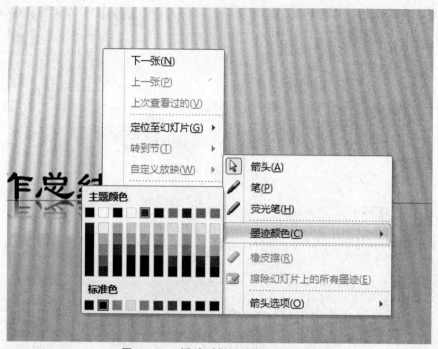

图 17-33　播放时做画线标记的效果

练习 1. 在播放做好的 PPT 里面，给文字加入蓝色的文字标记。

2. 在 PPT 中录入声音

打开空白的 PPT，在"插入"选项卡中选择"媒体"按钮，在弹出的菜单中，选择"录制音频"命令，如图 17-34 所示。

图 17-34　选择"插入"选项卡，单击"音频"按钮

在弹出的"录音"对话框中的"名称"文本框中输入准备使用录音的名称，比如输入"声音"，单击"录音"按钮●，开始录制声音，如图 17-35 所示。

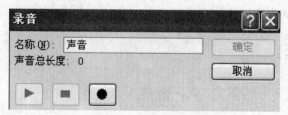

图 17-35　选择"录音"按钮

将所需录制的内容讲述完成后，单击"停止"按钮■，如图 17-36 所示。

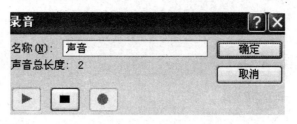

图 17-36　选择"停止"按钮

确认声音已录制好后单击"确定"按钮，即可完成声音的插入，如图 17-37 所示。如果单击"播放"按钮后，对录制的声音不满意，可以选择"取消"按钮，进行重新录制。

图 17-37　选择"确定"按钮完成设置

练习 2. 在本任务做好的"销售业绩工作汇报"中，加入一段声音文件。

常规网络知识、软件应用篇

任务十八　个性空间由我做主

一、知识结构

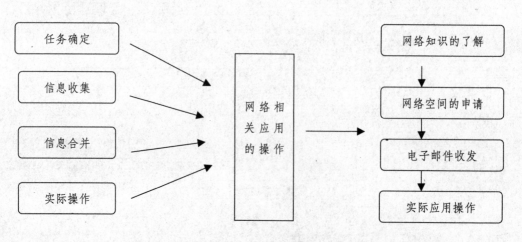

图 18-0　本任务内容结构

二、任务要求

学会利用网络，注册一个自己的微博空间，最终效果如图18-1所示。

图 18-1　任务十八效果

三、操作演示

1. 网络知识讲解

网络几乎渗透到了我们生活的每个方面，网络方便了信息查询，同时也使沟通更快捷和方便。本次任务主要学习网络的基本知识，包括如何申请网络空间、如何进行邮件的收发、如何进行网络交流。

（1）Internet 的发展。

Internet 起源于美国国防部建立的 ARPAnet，其主导思想是：网络必须能够经受住故障的考验而维持正常工作，一旦发生战争，当网络的某一部分因遭受攻击而失去工作能力时，网络的其他部分应当能够维持正常通信。今天的 Internet 已不再是计算机技术人员和军事部门进行科研的领域，而是变成了一个开发和使用信息资源、覆盖全球的信息海洋。Internet 的应用已渗透到各个领域，从学术研究到股票交易、从学校教育到娱乐游戏、从联机信息检索到在线的居家购物等，Internet 技术发挥着重要的作用，改变着人们的生活。

（2）计算机网络的功能。

计算机网络的功能主要体现在三个方面：信息交换、资源共享、分布式处理。

信息交换是计算机网络最基本的功能，主要完成计算机网络中各个节点之间的系统通信。用户可以在网上传送电子邮件、发布新闻消息、进行电子购物、电子贸易、远程电子教育等。

资源共享是指构成系统的所有要素，包括软、硬件资源，如：计算处理能力、大容量磁盘、高速打印机、绘图仪、通信线路、数据库、文件和其他计算机上的有关信息。由于受经济和其他因素的制约，这些资源并非（也不可能）所有用户都能独立拥有，所以网络上的计算机不仅可以使用自身的资源，也可以共享网络上的资源，因而增强了网络上计算机的处理能力，提高了计算机软硬件的利用率。

分布式处理是一项复杂的任务，可以划分成许多部分，由网络内各计算机分别协作并行完成有关部分，使整个系统的性能大为增强。

2．IE 浏览器简介

当电脑接入因特网后，还需要装上浏览软件，才能浏览网上信息，这种浏览软件称为浏览器。浏览器的种类有很多，常用的是微软公司的 Internet Explorer 浏览器，另外还有 Opera、Mozilla 的 Firefox、Maxthon（基于 IE 内核）、MagicMaster（M2）等。

Internet Explorer 浏览器（简称 IE 浏览器）是 Microsoft（微软）公司设计开发的一个功能强大、很受欢迎的 Web 浏览器。从 1995 年 IE1.0 首次发布直至 IE8.0 在 2009 年 3 月 19 日正式发布，IE 浏览器已有 15 年的历史了。

在 Windows 7 操作系统中内置了 IE 浏览器的升级版本 IE8.0，与以前版本相比，其功能更加强大，使用更加方便，可以使用户毫无障碍的轻松使用。使用 IE 浏览器，用户可以将计算机连接到 Internet，从 Web 服务器上搜索需要的信息、浏览网页、收发电子邮件、上传网页等。

3．具体操作步骤

（1）打开 IE 浏览器，在地址栏中输入网址"http://www.163.com"进入网易主页。单击"注册免费邮箱"超链接，打开如图 18-2 所示的页面。

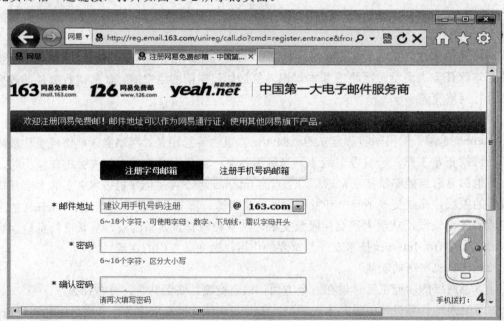

图 18-2 "163 邮箱"注册界面

（2）填写好信息后，单击"立即注册"，注册成功。

（3）进入邮箱：在登陆页面，输入邮箱的用户名和密码，单击"登陆"即可进入个人邮箱，如图 18-3 所示。

图 18-3　进入个人信箱界面

（4）单击"收件箱"按钮，如图 18-4 所示，可以查看邮箱中的邮件。

图 18-4　个人信箱的"收件箱"页面

（5）单击"写信"按钮，出现如图 18-5 所示界面，在收信人地址栏内填入对方的邮件地址，输入信件的主题；在正文中输入邮件内容。如果需要附加文件，比如照片、文档等，可以单击"添加附件"按钮，在打开的对话框中选择要添加的文件即可。邮件内容填写完成后单击"发送"按钮完成操作。

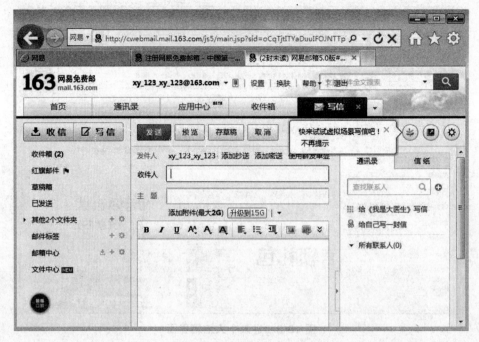

图 18-5 "写信"页面

（6）重新打开 IE 浏览器，在地址栏中输入网址"http://www.sina.com.cn"进入新浪网页面，点击"微博"，如图 18-6 所示。

图 18-6 新浪网首页

（7）点击免费注册，进入注册页面，如图 18-7 所示可以免费注册新浪微博账号。

图 18-7 注册栏内容

（8）填写注册信息，如图 18-8 所示。

图 18-8　注册内容填写

（9）填写完成后，点击"立即注册"按钮，进入新创建的新浪微博，如图 18-9 所示。

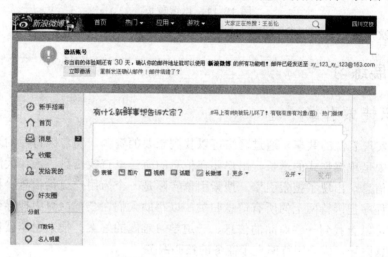

图 18-9　进入自己的微博空间

（10）此时新浪微博会给注册时所留下的邮箱发一封确认邮件，进入刚才注册的 163 邮箱，在收件箱中找到该邮件打开，点击邮件上提供的网址激活确认，如图 18-10 所示。

图 18-10　进入注册邮箱进行微博的激活

（11）激活邮箱后就可以使用属于自己的微博，通过微博空间发表日志以及与网友交流。如图 18-11 所示。

图 18-11　微博首页

到此，本次任务的内容操作部分讲解完毕。

四、拓展练习

1. 认识搜索引擎

网络可以实现资源的共享，通过网络可以找到想要的资源。随着因特网的迅猛发展，各种信息在网络中呈现爆炸式的增长，用户要在信息的海洋里查找信息，就像大海捞针一样。为了快速查找信息，出现了搜索引擎。搜索引擎实际是一个为用户提供信息"检索"服务的网站，它使用程序把因特网上的所有信息归类，以帮助人们在茫茫网海中搜寻到所需要的信息，如通过它可以查找到一件商品的信息、一道学习难题的答案。搜索引擎就像电信黄页一样成为网络信息向导，成为因特网电子商务的核心服务。

当前比较有名的搜索引擎有百度（www.baidu.com）、Google（www.google.cn）、雅虎（www.yahoo.com.cn）、新浪（www.sina.com.cn）、网易（www.163.com）、搜狗（www.sogou.com）等，在搜索引擎上搜索资料，一般采用关键词检索方式。

练习 1. 检索金庸的作品，可以采用的搜索引擎有 google、北大天网、搜狐、百度、新浪、yahoo 等。

任务一：金庸的简介及金庸的第一部作品；

任务二：金庸总共写了几部作品，《天龙八部》是金庸的第几部作品？

任务三：令狐冲、任我行是金庸哪一部作品中构画的人物？

任务四：金庸的写作风格。

★任务十九　软件搜索安装其实很容易！

一、知识结构

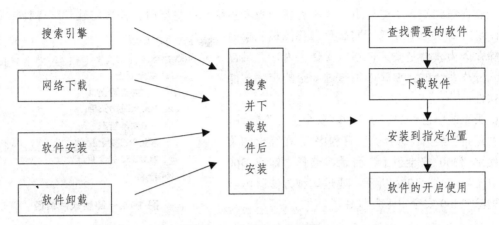

图 19-0　本任务内容结构

二、任务内容

本次任务为在网上搜索"360安全卫士"软件，然后将软件安装在指定位置，使之能够正常运行，进行"木马查杀"工作，图 19-1 所示即为该内容的效果展示。

图 19-1　"360 安全卫士"主界面

三、操作演示

1. 软件的卸载

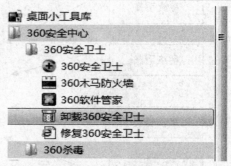

当软件遭到破坏不能使用，或者有新的版本不能自动更新时，需要将软件删除掉，简称为"卸载"。卸载软件不等于将软件名称图标从桌面上删除，因为软件是安装在指定文件夹内，并且已经写入操作系统的。因此必须通过一定的步骤才能卸载软件。

如果系统中已经安装了"360 安全卫士"软件，点击"开始"菜单，选择"所有程序"，在弹出的菜单中找到"360 安全卫士"目录，选择"卸载 360 安全卫士"，如图 19-2 所示。通过这种方法就可以彻底删除"360 安全卫士"软件了。

图 19-2　卸载软件路径

2. 具体操作步骤

（1）打开"百度"搜索引擎，在中间的文本框中输入"360 安全卫士"并点击"百度一下"按钮，如图 19-3 所示。

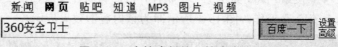

图 19-3　在搜索栏输入搜索内容

（2）从搜索结果进入"360"官网，在中间醒目位置放置着"360 安全卫士 v9.2 正式版"的图标，并在下方有一个"免费下载"按钮，如图 19-4 所示。

图 19-4　下载页面

（3）右击"免费下载"按钮，在弹出的对话框中选择"目标另存为"，选择需要保存到的本地位置后点击"保存"按钮，软件进入下载状态，如图 19-5 所示。

图 19-5　下载保存界面

（4）软件下载完以后，会弹出一个"下载完毕"对话框，点击对话框中的"运行"按钮，便开始软件的安装了。在软件安装的界面，用户选择好安装的路径，在"已阅读并同意许可协议"处打勾，点击"立即安装"，如图 19-6 所示。

图 19-6　安装界面

（5）系统自动运行安装程序，如图 19-7 所示。

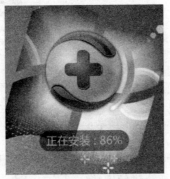

图 19-7　自动运行安装过程

（6）软件安装完成后，在桌面上会出现一个以该软件命名的图标，双击"360安全卫士"图标打开软件，单击"木马查杀"，如图19-8所示。

图 19-8　单击"木马查杀"按钮

（7）进入"木马查杀"界面后，选择"快速扫描"，如图19-9所示。

图 19-9　单击"快速扫描"按钮

（8）此时软件开始自动对系统的关键区域进行木马病毒的快速扫描，如图19-10所示。

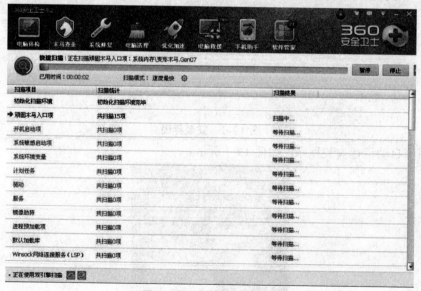

图 19-10　快速扫描界面

（9）扫描过程中，软件会自动隔离木马等病毒，最后给出系统的安全评价。

到此，本次任务的内容操作部分讲解完毕。

四、拓展练习

1. 软件的卸载的其他方法

软件的卸载方法很多，还有一种比较常用的是通过"控制面板"中的"添加或删除程序"来完成，具体步骤是：打开左下角的"开始"菜单，选择"控制面板"。在控制面板中单击选择"程序和功能"这个应用程序，如图 19-11 所示。

图 19-11 "控制面板"中的"程序和功能"

弹出"添加或删除程序"对话框，如图 19-12 所示。在"添加或删除程序"对话框中找到需要删除的程序，点击窗口中上部"卸载/更改"按钮，弹出该程序的卸载对话框后就可以根据提示进行卸载了。

名称	发布者	安装时间	大小	版本
360安全卫士	360安全中心	2001/1/1	191 MB	9.2.0.20
360杀毒	360安全中心	2001/1/1		5.0.0.41
ACDSee 5.0	ACD Systems, Ltd.	2013/12/4		5.0
Adobe Flash Player 11 ActiveX	Adobe Systems Incorporated	2013/12/4	6.00 MB	11.9.900
Adobe Flash Player 11 Plugin	Adobe Systems Incorporated	2013/12/4	6.00 MB	11.9.900
Microsoft .NET Framework 4 Client Profile	Microsoft Corporation	2001/1/1	38.8 MB	4.0.3031
Microsoft .NET Framework 4 Extended	Microsoft Corporation	2001/1/1	51.9 MB	4.0.3031
Microsoft Office Professional Plus 2010	Microsoft Corporation	2013/12/5		14.0.476
Microsoft Visual C++ 2005 Redistributable	Microsoft Corporation	2013/12/4	300 KB	8.0.6100
Microsoft Visual C++ 2008 Redistributable - x86 9.0.30...	Microsoft Corporation	2013/12/4	600 KB	9.0.3072
Microsoft Visual C++ 2010 x86 Redistributable - 10.0...	Microsoft Corporation	2013/12/4	5.65 MB	10.0.402
PPTV聚力网络电视 V3.4.2.0125	PPLive Corporation	2001/1/1		3.4.2
Tencent QQMail Plugin		2001/1/1		
WinRAR 5.00 (32 位)	win.rar GmBH	2013/12/4		5.00.0
阿里旺旺2013Beta2	阿里巴巴（中国）有限公司	2001/1/1		
酷狗音乐	酷狗音乐	2013/12/4		7.5.41.1
搜狗拼音输入法 6.8正式版	Sogou.com	2001/1/1		6.8.0.08
腾讯QQ2013	腾讯科技(深圳)有限公司	2001/1/1	187 MB	2.00.905
迅雷7	Xunlei Networking Technologies,...	2013/12/4		7.9.13.4

图 19-12 卸载或更换程序窗口

练习 1. 练习在百度中搜索"搜狗拼音输入法"，下载并安装在电脑上，然后再将安装好的软件进行正确卸载。

★任务二十　我的宝贝，安全当然我负责！

一、知识结构

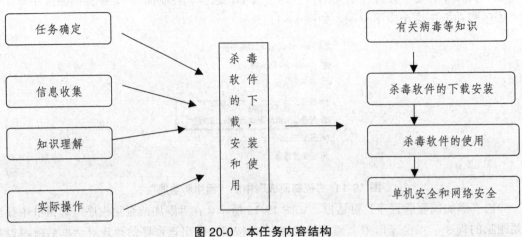

图 20-0　本任务内容结构

二、任务内容

在自己的计算机中下载并安装"360 杀毒软件"，并对电脑进行杀毒，如图 20-1 所示。

图 20-1　杀毒软件主界面

三、操作演示

1. 电脑病毒的基本常识

计算机病毒（Computer Virus）在《中华人民共和国计算机信息系统安全保护条例》中被明确定义，指"编制或者在计算机程序中插入的破坏计算机功能或者破坏数据，影响计算机使用并且能够自我复制的一组计算机指令或者程序代码"。而在一般教科书及通用资料中被定义为：利用计算机软件与硬件的缺陷，破坏计算机数据并影响计算机正常工作的一组指令集或程序代码。

计算机病毒实质上是一种人为蓄意制造的、以破坏计算机软硬件系统为目的的程序。它具有生物病毒的某些特征：寄生性、传染性、潜伏性和破坏性。

① 寄生性。病毒程序一般不单独存在，而是依附或寄生在其他媒体上，如磁盘、光盘的系统区或文件中。侵入磁盘系统区的病毒称为系统型病毒，其中较常见的是引导区病毒，如大麻病毒、2078 病毒等。寄生于文件中的病毒称为文件型病毒，如以色列病毒（黑色星期五）等。还有一类既寄生于文件中又侵占系统区的病毒，如"幽灵"病毒、Flip 病毒等，属于混合型病毒。

② 传染性。传染性是计算机病毒最基本的特征，计算机病毒具有很强的繁殖能力，能通过自我复制到内存、硬盘和软盘，甚至传染到所有文件中。

③ 潜伏性。计算机病毒可以长时间地潜伏在文件中，很难发现。在潜伏期中，它并不影响系统的正常运行，只是秘密地进行传播、繁殖、扩散，使更多的正常程序成为病毒的"携带者"。一旦满足某种触发条件，病毒突然发作，才显露出其巨大的破坏力。

④ 破坏性。计算机病毒的破坏性随计算机病毒的种类不同而差别极大。有的计算机病毒占用 CPU 时间和内存资源，从而造成进程阻塞；有的仅干扰软件数据或程序，使之无法恢复；有的恶性病毒甚至会毁坏整个系统，导致系统崩溃和硬件损坏，给我们造成巨大的经济损失。

2. 杀毒软件的相关知识

杀毒软件是一种可以对病毒、木马等一切已知的对计算机有危害的程序代码进行清除的程序工具。杀毒软件不可能查杀所有病毒，能查到的病毒也不一定能杀掉。

一台计算机每个操作系统下不能同时安装两套或两套以上的杀毒软件。

杀毒软件对被感染的文件杀毒有多种方式，包括清除、删除、重命名、禁止访问、隔离、不处理（跳过）（使用多种方法无法清除或用户选择）等。

大部分杀毒软件是滞后于计算机病毒的（像微点之类的第三代杀毒软件可以查杀未知病毒，但仍需升级）。所以，除了及时更新升级软件版本和定期扫描，还要注意充实自己的计算机安全以及网络安全知识，做到不随意打开陌生的文件或者不安全的网页，不浏览不健康的站点，注意更新自己的隐私密码，配套使用安全助手与个人防火墙等。这样才能更好地维护自己的计算机以及网络安全。

本次任务采用"360 杀毒软件"进行讲解。

3. 具体操作步骤

（1）在 360 官方主页中找到 360 杀毒软件并下载软件，操作步骤与任务十九相关内容相同。运行下载的程序，如图 20-2 所示。

图 20-2　启动安装

（2）点击"立即安装"直到完成安装。

（3）杀毒软件的启动、病毒库的更新和病毒的查杀。

（4）新安装的杀毒软件将随系统的重启而自动启动，启动后在屏幕右下角任务栏显示图标，如图 20-3 所示。

图 20-3　小图标显示

（5）单击屏幕右下角任务栏显示的图标，打开软件界面，如图 20-4 所示。

图 20-4　点击小图标展开主界面

（6）点击"扫描"中的"全盘扫描"按钮，如图20-5所示。扫描完成，如有病毒，软件将自动查杀。

图20-5　全盘扫描界面

到此，本次任务的内容操作部分讲解完毕。

四、拓展练习

1．金山毒霸杀毒软件

金山公司推出的电脑安全产品，监控、杀毒全面、可靠，占用系统资源较少。其软件集杀毒、监控、防木马、防漏洞为一体，是一款具有市场竞争力的杀毒软件。

"金山毒霸2011"极速轻巧，安装包不到20MB，内存占用只有19MB，首次扫描仅4分钟，3分钟消灭活木马，扫描速度每秒可达134个文件。配合云安全体系，100%鉴定文件是病毒还是正常文件。强大的自动分析鉴定体系使互联网上95%的新未知文件在60秒内即返回鉴定结果，应用精确样本收集技术更使文件鉴定准确率超过99%。

2．瑞星杀毒软件

其监控能力十分强大，采用第八代杀毒引擎，能够快速、彻底查杀大小各种病毒，加上瑞星防火墙可以更好的发挥效果。

练习1. 练习卸载和下载安装一款杀毒软件，并进行电脑病毒的扫描。

参考文献

[1] 教育部考试中心. 全国计算机等级考试一级教程——计算机基础及 MS Office 应用（2013年版）. 北京：高等教育出版社，2013.

[2] 王作鹏，殷慧之. Word/Excel/PPT2010 办公应用入门到精通. 北京：人民邮电出版社.